一定要学会的72款饼干

彭依莎　主编

黑龙江科学技术出版社
HEILONGJIANG SCIENCE AND TECHNOLOGY PRESS

图书在版编目（CIP）数据

一定要学会的 72 款饼干 / 彭依莎主编 . -- 哈尔滨：黑龙江科学技术出版社，2018.10
ISBN 978-7-5388-9713-5

Ⅰ . ①一… Ⅱ . ①彭… Ⅲ . ①饼干－制作 Ⅳ . ① TS213.22

中国版本图书馆 CIP 数据核字 (2018) 第 114816 号

一定要学会的 72 款饼干

YIDING YAO XUEHUI DE 72 KUAN BINGGAN

作　　者　彭依莎
项目总监　薛方闻
责任编辑　回　博
策　　划　深圳市金版文化发展股份有限公司
封面设计　深圳市金版文化发展股份有限公司
出　　版　黑龙江科学技术出版社
地址：哈尔滨市南岗区公安街 70-2 号　邮编：150007
电话：（0451）53642106　传真：（0451）53642143
网址：www.lkcbs.cn
发　　行　全国新华书店
印　　刷　深圳市雅佳图印刷有限公司
开　　本　723 mm × 1020 mm　1/16
印　　张　10
字　　数　120 千字
版　　次　2018 年 10 月第 1 版
印　　次　2018 年 10 月第 1 次印刷
书　　号　ISBN 978-7-5388-9713-5
定　　价　39.80 元

目录

第一章 甜蜜饼干的制作准备

制作饼干的基本工具 002

制作饼干的常备材料 004

制作饼干的必学方法 006

第二章 百变基础款饼干

巧克力曲奇 011

南瓜曲奇 013

紫薯蜗牛曲奇 015

抹茶曲奇 017

罗曼咖啡曲奇 019

香草曲奇 021

杏仁酸奶司康 023

果酱年轮饼干 025

糖花饼干 027

口袋地瓜饼干 029

牛轧糖饼干 031

花形焦糖杏仁饼干 033

花蛋饼 035

玻璃糖饼干 037

摩卡双色饼干 039

林兹挞饼干 041

手指饼干 042

字母饼干 043
花样果酱饼干 045
抹茶蛋白饼干 047
芝士番茄饼干 049
巧克力燕麦球 051
咖啡雪球饼干 053
黄豆粉雪球饼干 055
南瓜营养条 057
榛果巧克力焦糖夹心饼干 059
摩卡达克瓦兹 061

第三章
口感酥脆的饼干

椰丝小饼 065
芝麻苏打饼干 067
核桃焦糖饼干 069
亚麻子瓦片脆 071
全麦巧克力薄饼 073
坚果法式薄饼 074
咖啡坚果烟卷 075
芝士脆饼 077
薯泥脆饼 079
意大利杏仁脆饼 081
柠檬开心果脆饼 083
幸运饼干 085
饼干棒 087
巧克力脆棒 089
扭扭曲奇条 091
蔓越莓酥条 093
夏威夷果酥 095
咖啡坚果奶酥 097
千层酥饼 099
拿破仑千层水果酥 101

第四章
可爱的造型饼干

椰蓉星星饼干 105
燕麦爱心饼干 107
小馒头饼干 109
咖啡豆饼干 111
玛格丽特饼干 113
地震饼干 115
奶牛饼干 117
机器猫饼干 119
蘑菇饼干 121
猫爪饼干 123
锅煎蛋饼干 125
棒棒糖饼干 127

第五章
“画”风不一样的手绘饼干

圣诞树曲奇 131
长颈鹿饼干 133
企鹅饼干 135
奶瓶饼干 137
浣熊饼干 139
龙猫饼干 141
凯蒂猫饼干 143
小狗饼干 145
小熊饼干 147
圣诞姜饼 149
松鼠饼干 151
小黄人饼干 153
蝙蝠饼干 154

第一章

甜蜜饼干的制作准备

甜蜜可爱的小饼干，
是下午茶必不可少的点心之一，
无论是与奶茶还是咖啡搭配都相得益彰。
想要自己动手制作小饼干其实并不困难，
只要准备好这些工具和材料，
下一个饼干达人就是你！

制作饼干的基本工具

电烤箱

现代家庭一般都用电烤箱取代壁炉烤箱。电烤箱通电就能用，使用方便，可用来烤饼干、蛋糕和面包等点心，还可以用来烤蔬菜和肉类。

擀面杖

擀面杖是一种用来压制面皮的工具，多为木质。一般长而大的擀面杖多用于擀面条，短而小的擀面杖多用来擀面皮。

电动搅拌器

电动搅拌器主体是电机，配有打蛋头和搅面棒两种搅拌头。电动搅拌器可以使搅拌的过程变得更加快捷，使材料搅拌得更加均匀。

手动搅拌器

手动搅拌器是烘焙时必不可少的工具之一，主要用来搅拌材料，也可用于打发蛋白、黄油等，但使用起来比电动搅拌器更费时、费力。

电子秤

电子秤，又叫电子计量秤，适合在西点制作中称量用量必须准确的材料，如面粉、抹茶粉、细砂糖、黄油、蛋液等。

量匙

量匙是在烘焙时量取小用量配料的工具。量匙的规格大同小异，通常为塑料材质或不锈钢材质，样式为带柄浅勺，一套有五六只。

粉筛

粉筛一般由不锈钢制成，是用来过滤面粉或其他粉类材料的烘焙工具。粉筛底部呈漏网状，可以滤出粉类材料中的不均匀颗粒，使烘焙成品口感更加细腻。

长柄刮板

长柄刮板是一种长柄软质搅拌工具，主要用于将各种材料拌匀，还便于将器皿中的材料刮取干净，减少材料浪费，是西点制作中不可缺少的工具之一。

制作饼干的常备材料

面粉

低筋面粉主要用于制作饼干和蛋糕，高筋面粉主要用于制作面包和千层酥，中筋面粉多用于制作中式点心。特殊情况下几种面粉可混合使用。

全麦面粉

全麦面粉是由全粒小麦经过加工获得的粉类物质，比一般面粉粗糙，麦香味浓郁，主要用于西点的制作。

抹茶粉

抹茶粉是一种粉末状茶叶粉，因其独有的工序，最大限度地保留了茶叶原有的营养成分，可以用来制作蛋糕、饼干等。

可可粉

可可粉是可可豆经过各种工序加工后取得的褐色粉状物。可可粉有着独特的诱人香气，可用于制作巧克力、饮品、点心等。

糖粉

糖粉为纯白色粉末形态，颗粒极度细小，可以在烘焙制作过程中使用，也可直接用粉筛将其过滤在西点上作装饰来食用。

淡奶油

淡奶油一般是指动物淡奶油，打发后可作为蛋糕的装饰材料，也可直接加入烘焙材料中。打发前将淡奶油放在冰箱里冷藏会更容易打发。

黄油

黄油是将牛奶中的稀奶油和脱脂乳分离后，将成熟的稀奶油搅拌后形成的。黄油可以直接加入烘焙材料中搅拌，也可以打发后再加入，不过打发后再加入的成品口感会更松软。

色拉油

色拉油是由各种植物原油经多种工序精制而成的食用油。烘焙用的色拉油一定要无色无味，如玉米油、葵花子油、橄榄油等。最好不要使用花生油。

制作饼干的必学方法

· 处理黄油

状态

1.冷藏的无盐黄油：质地坚硬，呈浅黄色，是刚从冰箱中拿出的状态。冻硬的无盐黄油是无法打发的，需在室温中软化，也有一些烘焙配方会直接使用冻硬的无盐黄油。

2.室温软化的无盐黄油：想要确定无盐黄油软化的程度，可用手指轻轻地在无盐黄油上戳一下，如果可以不费力地戳出一个指印，即是合适的软化程度。

3.液态的无盐黄油：有两种方法使无盐黄油液化，一是将无盐黄油隔水加热至融化，二是将无盐黄油放入微波炉中，高温加热30秒。

打发方法

1.在无盐黄油中加入糖粉或糖霜、细砂糖、糖浆等糖类。

2.用电动搅拌器搅打至蓬松发白。

★需注意的是，无盐黄油应是室温软化的状态。

★过硬的无盐黄油打发后会变成蛋花状，影响口感。

· 处理液体

分次倒入

分次倒入液体指的是将配方中分量多的液体材料分多次倒入打至蓬松发白的黄油或蛋液中。每次倒入都需要将液体与原材料搅打均匀，这样可防止油水分离。

直接倒入

直接倒入液体指的是将液体直接倒入充分混合的粉类材料中，这在口感酥脆的饼干制作中很常见。通常来说这类饼干的内部较干燥，质地较薄，在饼干坯表面戳透气孔可以防止饼干在烘烤过程中断裂。

· 处理粉类

过筛粉类

质地细腻的粉类吸收了空气中的水分会结块。把粉类打散的方式有两种：一种是直接筛入到另一个器皿中；另一种是将粉类提前筛好备用，但暴露放置的时间不宜过长，否则粉类会再次结块。

混合粉类

混合粉类是制作饼干常用的方法。配方中一般先用手动搅拌器搅拌匀粉类材料，再倒入液体材料。如果制作中需要使用无盐黄油，应先将其放在室温下软化并切成小块，再倒入混合好的粉类材料并将它们揉搓均匀。

第二章

百变基础款饼干

香味浓郁的饼干一直很受欢迎。
而各种花式小饼干，
在满足了口腹之欲的同时，
有没有勾起您亲手制作的欲望呢？
各种基础款饼干的制作方法，
都在等您大展身手……

注意揉面团的时间不要过长，
粉类和液体混合均匀即可，
否则面团易出油，
从而影响饼干成品的口感。

❦COOKIES❦

巧克力曲奇

{ 烤箱温度：上、下火180℃　时间：10~13分钟 }

材料

无盐黄油__50克

细砂糖__100克

鸡蛋液__25克

低筋面粉__150克

可可粉__5克

制作过程

1 把室温软化的无盐黄油放入搅拌盆中。

2 加入细砂糖，搅拌均匀。

3 倒入鸡蛋液，搅拌至鸡蛋液与无盐黄油融合。

4 筛入低筋面粉、可可粉，用长柄刮板搅拌均匀，再用手将其轻轻地揉成面团。

5 将面团搓成圆柱体，包上油纸，放入冰箱中冷冻约30分钟。

6 取出，去掉油纸，切成约4毫米厚的饼干坯，放在烤盘上。

7 将烤箱预热至180℃，将烤盘置于烤箱的中层，根据烤箱的功率烘烤10~13分钟。

8 取出后放凉即可食用。

1
2

COOKIES

南瓜曲奇

扫一扫做饼干

{ 烤箱温度：上、下火175℃　时间：15分钟 }

材料

无盐黄油__65克
糖粉__20克
盐__1克
蛋黄__20克
低筋面粉__170克
熟南瓜__60克
南瓜子__15克

制作过程

1 将室温软化的无盐黄油和糖粉倒入搅拌盆中，用长柄刮板搅拌均匀。

2 加入盐，倒入蛋黄，继续搅拌至材料完全融合，加入熟南瓜，用电动搅拌器搅打均匀。

3 筛入低筋面粉，用长柄刮板搅拌至无干粉状态，再用手轻轻揉成面团。

4 将面团搓成圆柱体，再用油纸包好，放入冰箱，冷冻约30分钟。

5 取出面团，去掉油纸，切成约4.5毫米厚的饼干坯，放在烤盘上，撒上南瓜子。

6 放进预热至175℃的烤箱中层，烘烤约15分钟即可。

4

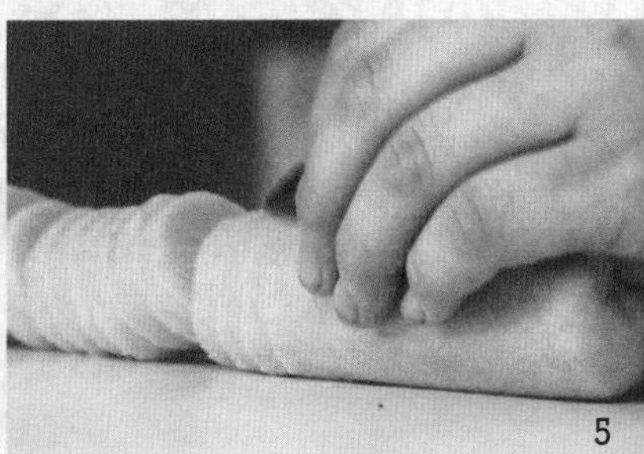
5

6

COOKIES

紫薯蜗牛曲奇

{ 烤箱温度：上、下火180℃　时间：12分钟 }

材料

紫薯面团：

无盐黄油__50克

糖粉__45克

盐__0.5克

淡奶油__20克

熟紫薯__40克

杏仁粉__10克

低筋面粉__40克

原味面团：

无盐黄油__25克

糖粉__25克

淡奶油__5克

杏仁粉__5克

低筋面粉__50克

制作过程

1 在室温软化的无盐黄油中加入糖粉、盐，并将其搅拌均匀。

2 加入淡奶油搅拌均匀。

3 加入碾成泥的熟紫薯搅拌均匀。

4 筛入杏仁粉和低筋面粉，用长柄刮板翻拌至无干粉的状态，并将其揉成紫薯面团。

5 根据以上方式重复操作来制作原味面团。

6 在料理台上铺好保鲜膜，放上面团，用擀面杖分别将两种面团擀成3毫米厚的饼干面皮，并将两种面皮叠起，稍微按压粘合。

7 再卷紧呈圆筒状，用油纸包好，放进冰箱冷冻1小时左右。

8 取出，去掉油纸，切成3毫米厚的饼干坯，放在烤盘上，再放进预热至180℃的烤箱中层，烘烤12分钟即可。

将饼干坯放入冰箱冷冻，
是为了切片时
保证其外形美观。

COOKIES

抹茶曲奇

{ 烤箱温度：上火170℃、下火150℃ 时间：20分钟 }

材料

低筋面粉__200克
无盐黄油__145克
细砂糖__30克
糖粉__70克
鸡蛋__50克
牛奶__50克
抹茶粉__8克
盐__适量

制作过程

1 把室温软化的无盐黄油和糖粉倒入搅拌盆中，用电动搅拌器不断搅拌，将无盐黄油打发至体积膨胀、颜色稍微变浅的状态。

2 将鸡蛋打入碗中，搅散。

3 将搅散的鸡蛋液分两三次加入打发的黄油中，搅拌均匀。

4 加入牛奶搅拌均匀，再倒入盐搅匀。

5 把低筋面粉、抹茶粉和细砂糖筛入黄油糊中继续搅拌均匀。

6 用长柄刮板将面糊装入裱花袋，再将曲奇面糊挤在垫好烘焙纸的烤盘上。

7 将烤盘放入预热好的烤箱中，烘烤约20分钟即可出炉。

家用烤箱一次最好只烤一盘饼干，
因为家用烤箱本身受热不均匀，
同时烤盘还具有隔热效果，
如果同时烤两盘饼干，
易导致受热不均匀。

COOKIES

罗曼咖啡曲奇

{ 烤箱温度：上火180℃、下火150℃　时间：20分钟 }

材料

无盐黄油__115克
糖粉__60克
盐__2克
牛奶__30克
低筋面粉__125克
高筋面粉__35克
咖啡粉__10克

制作过程

1 烤箱通电，以上火180℃、下火150℃进行预热。
2 把液态的无盐黄油、糖粉和盐放入玻璃碗中，用电动搅拌器搅拌至颜色变浅、发起。
3 分两次加入牛奶并用电动搅拌器搅拌。
4 加入低筋面粉搅拌均匀，加入高筋面粉继续搅拌，再倒入咖啡粉搅拌均匀。
5 将搅拌好的面糊用长柄刮板装入裱花袋中，均匀地挤在烤盘上。
6 将烤盘放进预热好的烤箱中，烘烤约20分钟，烤好后取出装盘即可食用。

4

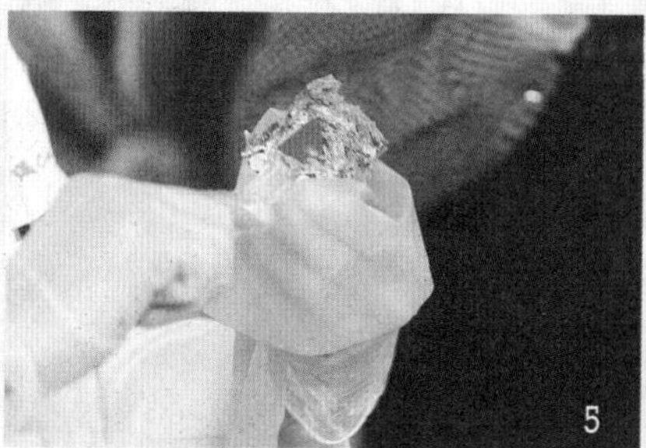
5

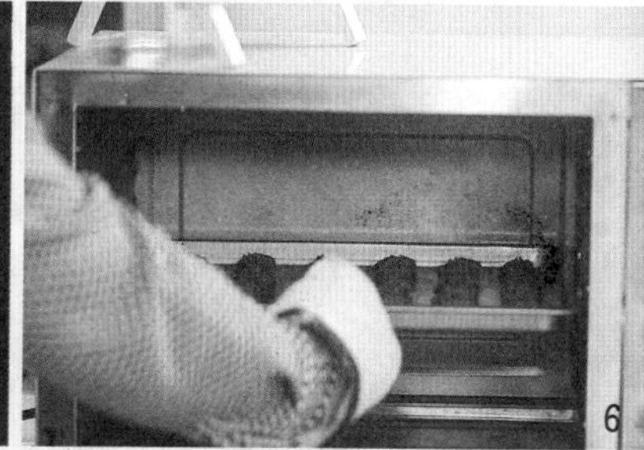
6

COOKIES

香草曲奇

{ 烤箱温度：上、下火150℃　时间：25分钟 }

材料

下层饼干体：

无盐黄油__128克

细砂糖__64克

淡奶油__40克

低筋面粉__145克

杏仁粉__25克

上层饼干体：

无盐黄油__100克

糖粉__53克

香草精__适量

淡奶油__20克

低筋面粉__140克

装饰：

白巧克力__适量

蔓越莓干__少许

制作过程

1 在室温软化的128克无盐黄油中加入64克细砂糖，用电动搅拌器打发，倒入40克淡奶油持续搅拌至完全融合。

2 筛入杏仁粉和145克低筋面粉，用长柄刮板翻拌至无干粉状态，再用手揉成面团。

3 用擀面杖将面团擀成约4毫米厚的饼干面皮，放入冰箱冷冻30分钟。取出，用圆形模具在面皮上切出圆形饼干坯，放入烤盘中，备用。

4 将糖粉和室温软化的100克无盐黄油倒入搅拌盆中，用长柄刮板搅拌均匀，加入香草精、20克淡奶油，搅拌均匀。

5 筛入低筋面粉，用长柄刮板翻拌均匀，制成细腻的香草饼干面糊。

6 将饼干面糊装入装有圆齿花嘴的裱花袋中，在圆形饼干坯上挤一圈香草饼干面糊作为装饰。

7 放入预热至150℃的烤箱中层，烘烤25分钟。

8 取出，冷却后将隔水融化的白巧克力液装入裱花袋中，挤在饼干中部，放上切碎的蔓越莓干作装饰即可。

搅打黄油时，
不需要搅打太久，
以免油水分离。

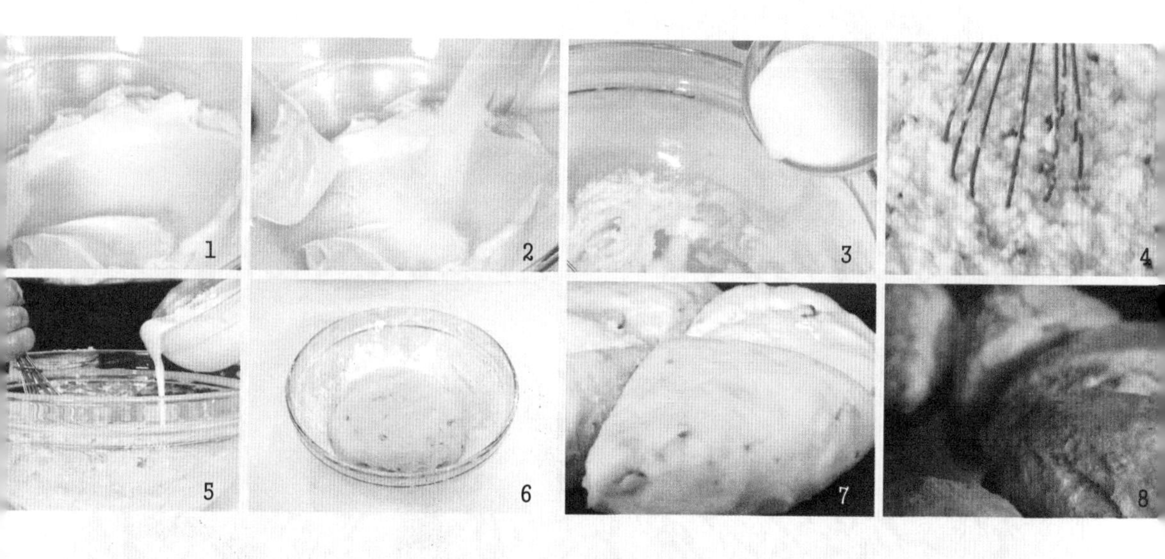

COOKIES

杏仁酸奶司康

扫一扫做饼干

{ 烤箱温度：上、下火180℃　时间：25分钟 }

材料

无盐黄油__110克
细砂糖__70克
杏仁碎__70克
朗姆酒__30克
淡奶油__150克
低筋面粉__270克
泡打粉__6克
盐__2克
原味酸奶__80克
牛奶__30克

制作过程

1 用电动搅拌器将室温软化的无盐黄油搅打均匀。
2 加入细砂糖，搅打至蓬起、颜色发白。
3 倒入朗姆酒、牛奶搅拌均匀，再倒入原味酸奶，继续搅拌均匀。
4 加入杏仁碎，搅拌均匀。
5 加入盐、泡打粉拌匀，再倒入淡奶油拌匀。
6 筛入低筋面粉搅拌均匀，用手揉成面团。
7 轻轻拍打面团，再将其擀成圆形面饼，用刮板分成八等份，摆入烤盘。
8 放入预热至180℃的烤箱中，烘烤15分钟，取出烤盘，掉转180°，再放入烤箱烘烤10分钟即可。

COOKIES

果酱年轮饼干

{ 烤箱温度：上、下火180℃　时间：15分钟 }

材料

无盐黄油__90克
细砂糖__80克
盐__1克
鸡蛋__1个
低筋面粉__200克
草莓酱__40克
蔓越莓干__20克

制作过程

1 将鸡蛋打入碗中，搅散。
2 将室温软化的无盐黄油放入搅拌盆中，加入细砂糖、盐，用电动搅拌器搅打至蓬起、颜色发白。
3 倒入鸡蛋液，搅打至完全融合。
4 筛入低筋面粉，搅拌均匀至无干粉状态，揉成面团，搓成圆柱体。
5 包上保鲜膜，放入冰箱冷冻约30分钟。
6 取出，去掉保鲜膜，用擀面杖擀成约5毫米厚的面片。
7 在面片表面抹上草莓酱，再撒上蔓越莓干，卷起，放入冰箱冷冻约30分钟。
8 取出面团，切成7、8毫米厚度的饼干坯，放在烤盘上。
9 烤箱预热至180℃，把烤盘置于烤箱的中层，烘烤15分钟即可。

将粉类材料过筛，
筛入搅拌盆中，
可以减少面团结块，
使成品口感更好。

COOKIES

糖花饼干

扫一扫做饼干

{ 烤箱温度：上、下火175℃　时间：12~15分钟 }

材料

低筋面粉__140克
椰子粉__20克
可可粉__20克
糖粉__60克
盐__1克
鸡蛋液__25克
无盐黄油__60克
香草精__3克
黑巧克力__100克
彩色糖粒__适量

制作过程

1 将室温软化的无盐黄油放入搅拌盆，加入糖粉，搅拌均匀。
2 倒入鸡蛋液搅拌均匀，倒入香草精搅拌均匀。
3 加入椰子粉拌匀，放入盐，筛入可可粉和低筋面粉，搅拌至无干粉状态，用手揉成面团。
4 用擀面杖将面团擀成约4毫米厚的面片。
5 用模具压出花形的饼干坯，放在烤盘上。
6 烤箱预热至175℃，将烤盘置于烤箱的中层，烘烤12~15分钟。
7 烘烤的过程中，将黑巧克力隔温水融化。
8 取出烤好的饼干，蘸上巧克力液，撒上彩色糖粒即可。

加入材料时，
每加一种材料就搅拌一次，
可以使面团更细腻。

COOKIES

口袋地瓜饼干

扫一扫做饼干

{ 烤箱温度：上、下火180℃　时间：13分钟 }

材料

无盐黄油__90克

细砂糖__110克

盐__2克

鸡蛋液__50克

低筋面粉__220克

泡打粉__2克

熟地瓜泥__180克

牛奶__20克

蜂蜜__20克

制作过程

1 将室温软化的无盐黄油压散，搅拌均匀。

2 加入细砂糖、泡打粉和盐，搅拌均匀。

3 倒入鸡蛋液，搅拌均匀。

4 筛入低筋面粉，用长柄刮板搅拌至无干粉状态，用手揉成面团。

5 将面团分成每个质量约30克的小面团，揉圆。

6 将牛奶倒入熟地瓜泥中，再倒入蜂蜜搅拌均匀，制成馅料，装入裱花袋。

7 用手指在小面团的中央压出一个凹洞，挤入馅料，收口捏紧，放在烤盘上，稍稍按扁。

8 烤箱预热至180℃，将烤盘置于烤箱的中层，烘烤13分钟即可。

1
2

COOKIES

牛轧糖饼干

{ 烤箱温度：上、下火175℃　时间：10~12分钟 }

材料

饼干体：

无盐黄油__100克

糖粉__70克

盐__1克

低筋面粉__170克

杏仁粉__30克

鸡蛋液__25克

牛轧糖糖浆：

淡奶油__100克

麦芽糖__40克

细砂糖__55克

无盐黄油__30克

夏威夷果仁__90克

制作过程

1 将室温软化的无盐黄油加入糖粉和盐搅拌均匀。

2 筛入低筋面粉和杏仁粉，用长柄刮板翻拌至无干粉的状态。

3 倒入鸡蛋液继续搅拌均匀，揉成面团，用擀面杖将面团擀成约5毫米厚的面皮。

4 用大圆形模具切出圆形面皮，再用小圆形模具将中间镂空，将做好的面皮放入铺有烘焙纸的烤盘中。裁切剩余的面皮可以反复使用。

5 在锅里倒入淡奶油、麦芽糖、细砂糖，搅拌均匀，再加入无盐黄油，煮至浓稠状态后，加入捣碎的夏威夷果仁，即为牛轧糖糖浆。

6 将牛轧糖糖浆倒在面皮镂空处，放入预热至175℃的烤箱中层，烘烤10~12分钟即可。

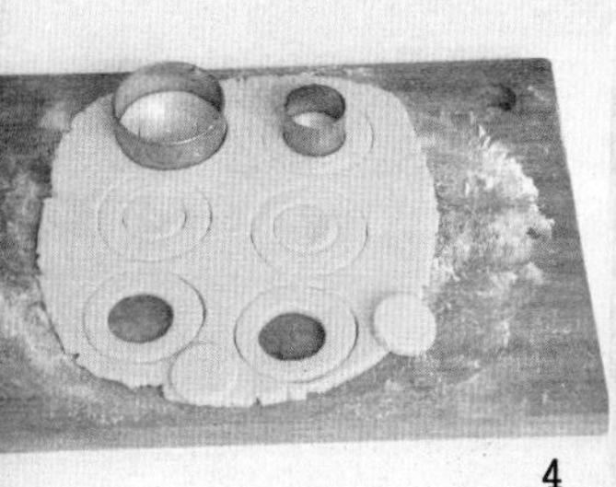
4

5

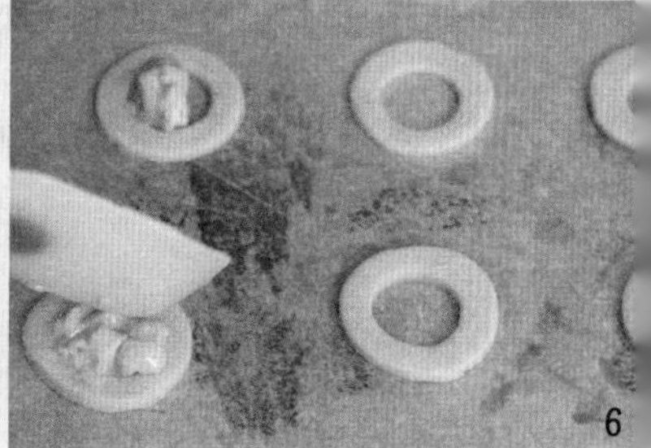
6

有盐黄油在使用前，
需要将其放在室温下软化，
才能更好地用于制作饼干。

COOKIES

花形焦糖杏仁饼干

{ 烤箱温度：上、下火150℃　时间：18~20分钟 }

材料

饼干体：

有盐黄油__65克

糖粉__40克

淡奶油__15克

咖啡酱__3克

低筋面粉__105克

焦糖杏仁馅：

细砂糖__45克

透明麦芽糖__225克

蜂蜜__75克

淡奶油__75克

有盐黄油__15克

杏仁碎__33克

制作过程

1 将糖粉、65克室温软化的有盐黄油打发。

2 倒入咖啡酱和15克淡奶油搅拌至完全融合。

3 筛入低筋面粉搅拌均匀，再揉成面团。

4 将面团擀成4毫米厚的饼干面皮。

5 用花形模具裁切出花形饼干坯，并用小圆形模具在花形饼干坯中间裁切出一个个圆形，摆入铺有油纸的烤盘中，放入冰箱冷藏至饼干坯变硬。

6 将细砂糖、透明麦芽糖、蜂蜜、75克淡奶油、15克有盐黄油放入锅中，开火。

7 煮至细砂糖融化，加入杏仁碎搅拌均匀，制成焦糖杏仁馅。

8 取出烤盘，将焦糖杏仁馅倒入饼干坯镂空的部分，放进预热好的烤箱中，烤18~20分钟即可。

COOKIES

花蛋饼

扫一扫做饼干

{ 烤箱温度：上、下火180℃　时间：12分钟 }

材料

饼干体：

无盐黄油__50克

细砂糖__40克

鸡蛋液__25克

低筋面粉__100克

泡打粉__2克

盐__1克

蛋糊馅料：

细砂糖__25克

清水__40克

蛋黄__20克

淡奶油__20克

制作过程

1 将清水倒入小锅中，加入25克细砂糖，加热至细砂糖完全融化。

2 糖水煮沸后关火，倒入蛋黄并搅拌均匀。

3 倒入淡奶油拌匀，制成蛋糊馅料。

4 将室温软化的无盐黄油放入搅拌盆中，加入40克细砂糖，搅拌均匀。

5 倒入鸡蛋液，搅拌均匀。

6 加入泡打粉和盐，搅拌均匀。

7 筛入低筋面粉搅拌至无干粉状态，用手轻轻揉成面团。

8 将面团擀成约4毫米厚的饼干面皮。

9 用星星模具压出星星形状的饼干坯。

10 用小瓶盖在饼干坯的中部稍压出一个凹槽，并挪至烤盘上。

11 将蛋糊馅料注入饼干坯的凹槽中。

12 将烤箱预热至180℃，把烤盘置于烤箱的中层，烘烤约12分钟即可。

搅拌无盐黄油时，
用手动搅拌器即可。
电动搅拌器容易搅拌过度，
从而使面团过硬。

COOKIES

玻璃糖饼干

{ 烤箱温度：上、下火180℃　时间：10分钟 }

材料

无盐黄油__65克

细砂糖__60克

盐__0.5克

鸡蛋液__25克

香草精__3克

低筋面粉__135克

杏仁粉__25克

水果硬糖__适量

制作过程

1 将室温软化的无盐黄油、细砂糖和盐拌匀。

2 分2次倒入鸡蛋液搅拌均匀，再加入香草精搅拌均匀。

3 筛入低筋面粉和杏仁粉翻拌均匀，再揉成面团。

4 将面团擀成约3毫米厚的饼干面皮。

5 用模具在面皮上裁切出10个花形饼干坯，再在其中5个花形饼干坯中间抠掉一个小圆。

6 将两种饼干坯叠起放入铺好油纸的烤盘中。

7 将水果硬糖敲碎。

8 把敲碎的水果硬糖放入饼干坯镂空处，将烤盘放进预热好的烤箱中，烘烤约10分钟即可。

COOKIES

摩卡双色饼干

{ 烤箱温度：上火180℃，下火150℃　时间：20分钟 }

材料

原味面团：

低筋面粉__110克

高筋面粉__100克

无盐黄油__100克

鸡蛋液__40克

细砂糖__100克

巧克力面团：

低筋面粉__110克

高筋面粉__100克

无盐黄油__110克

鸡蛋液__40克

细砂糖__100克

可可粉__15克

融化的巧克力__10克

制作过程

1 把100克室温软化的无盐黄油和100克细砂糖倒入备好的容器中，充分搅拌均匀。

2 倒入40克鸡蛋液搅拌均匀，筛入110克低筋面粉、100克高筋面粉继续混合均匀，揉成原味面团。

3 备好空碗，倒入110克无盐黄油、100克细砂糖、40克鸡蛋液充分搅拌，再加入融化好的巧克力并搅拌均匀。

4 倒入110克低筋面粉、100克高筋面粉充分拌匀，再加入可可粉，充分搅拌，揉成巧克力面团。

5 案台上撒适量面粉，取出原味面团、巧克力面团，分别搓成若干个长条。

6 将两种颜色的长条面团交错堆叠在一起，用刮板修整齐，做成长方体面团。

7 将面团摆放在盘中，放入冰箱冷冻1个小时，直到面团变硬。

8 取出，用刀切成约4毫米厚的饼干坯，摆放在备好的烤盘中。

9 将烤盘放进预热好的烤箱中，烘烤约20分钟即可。

1
2

COOKIES

林兹挞饼干

{ 烤箱温度：上、下火180℃　时间：30分钟 }

材料

无盐黄油__86克
糖粉__65克
鸡蛋液__11克
低筋面粉__90克
杏仁粉__64克
草莓果酱__100克

制作过程

1 将室温软化的无盐黄油和糖粉搅拌均匀，用电动搅拌器稍微打发，倒入鸡蛋液，搅打均匀。

2 筛入低筋面粉、杏仁粉，用长柄刮板翻拌均匀，制成面糊。

3 取正方形的烤模，将200克面糊倒入烤模中。

4 把草莓果酱装入裱花袋中，挤在面糊的表层，用长柄刮板抹平。

5 将剩余的面糊装入另一个裱花袋中，在草莓果酱上挤出网状面糊。

6 将烤模置于烤盘上，放入预热至180℃的烤箱中，烘烤约30分钟，取出放凉，脱模，切块即可。

4

5

COOKIES

手指饼干

{ 烤箱温度：上、下火160℃ 时间：25分钟 }

材料

低筋面粉__60克
细砂糖__37克
鸡蛋__1个

制作过程

1 用鸡蛋分离器分离蛋清和蛋黄；烤箱预热至160℃；烤盘铺好油纸。
2 将27克细砂糖分3次加入蛋清中，搅打至干性发泡，备用。
3 在蛋黄中加10克细砂糖，搅打至发白浓稠状，倒入蛋白中混合均匀，筛入低筋面粉，翻拌均匀，放入装有裱花嘴的裱花袋中，在烤盘上挤出大小均匀的长条，注意留出缝隙。
4 把烤盘放入烤箱中，烤25分钟即可。

COOKIES

字母饼干

{ 烤箱温度：上、下火160℃　时间：25分钟 }

材料

原味曲奇预拌粉__350克
无盐黄油__80克
鸡蛋液__适量

制作过程

1. 将原味曲奇预拌粉、室温软化的无盐黄油混合拌匀。
2. 将打好的鸡蛋液倒入面糊中，用手揉成面团。
3. 将面团放在油纸上，再盖一层油纸，用擀面杖擀成5毫米厚的面皮，放入冰箱冷冻15分钟。
4. 取出冷冻好的面皮，用字母模具在面皮上压出形状，放入烤盘内。
5. 将烤盘放入预热好的烤箱里，烤约25分钟，取出烤好的饼干装入盘中即可。

将饼干坯压扁时，
可以顺手在中间按一个小坑，
更方便挤入果酱。

COOKIES

花样果酱饼干

扫一扫做饼干

{ 烤箱温度：上、下火180℃ 时间：15分钟 }

材料

无盐黄油__70克

花生酱__30克

糖粉__100克

盐__1克

蛋黄__40克

低筋面粉__120克

杏仁粉__50克

蛋白__30克

核桃碎__40克

草莓果酱__适量

制作过程

1 将室温软化的无盐黄油和花生酱倒入搅拌盆中，搅打均匀后，加入糖粉和盐，搅打均匀。

2 倒入蛋黄，搅打均匀。

3 筛入低筋面粉和杏仁粉拌匀，揉成面团。

4 将面团包好保鲜膜，放入冰箱，冷藏约1小时。

5 取出，分成质量为15克的饼干坯数个，揉圆。

6 将饼干坯蘸上蛋白、裹上核桃碎，压扁，中部戳一个凹槽，放入烤盘。

7 烤箱以上、下火180℃预热，将烤盘置于烤箱中层，烘烤15分钟，取出。

8 把草莓果酱装入裱花袋，挤在烤好的饼干上作为装饰即可。

COOKIES

抹茶蛋白饼干

扫一扫做饼干

{ 烤箱温度：上、下火120℃　时间：15分钟 }

材料

蛋白__45克
细砂糖__40克
糖粉__10克
抹茶粉__10克
柠檬汁__适量

制作过程

1 将蛋白放入无水、无油的干净搅拌盆中。
2 加入细砂糖，用电动搅拌器打至出现大泡沫。
3 倒入柠檬汁，继续搅打至硬性发泡，即蛋白可以拉出一个鹰嘴钩的形状。
4 筛入糖粉和抹茶粉，翻拌均匀，即成蛋白霜。
5 将蛋白霜装入裱花袋中，在裱花袋尖端处剪出约5毫米的开口。
6 在烤盘上挤出水滴形状的饼干坯，或者给裱花袋装上齿形裱花嘴，在烤盘上挤出齿花水滴形状的饼干坯，也可根据喜好挤出各种不同的形状。
7 将烤箱预热至120℃，把烤盘放进烤箱中层，烘烤15分钟即可。

这款饼干由打发蛋白制成，
不能受潮，入口即化，
所以制成后请尽快食用。

这样相连挤在一起，
烤好的饼干是一体的，
也可以在挤饼干坯时
分开挤成朵状。

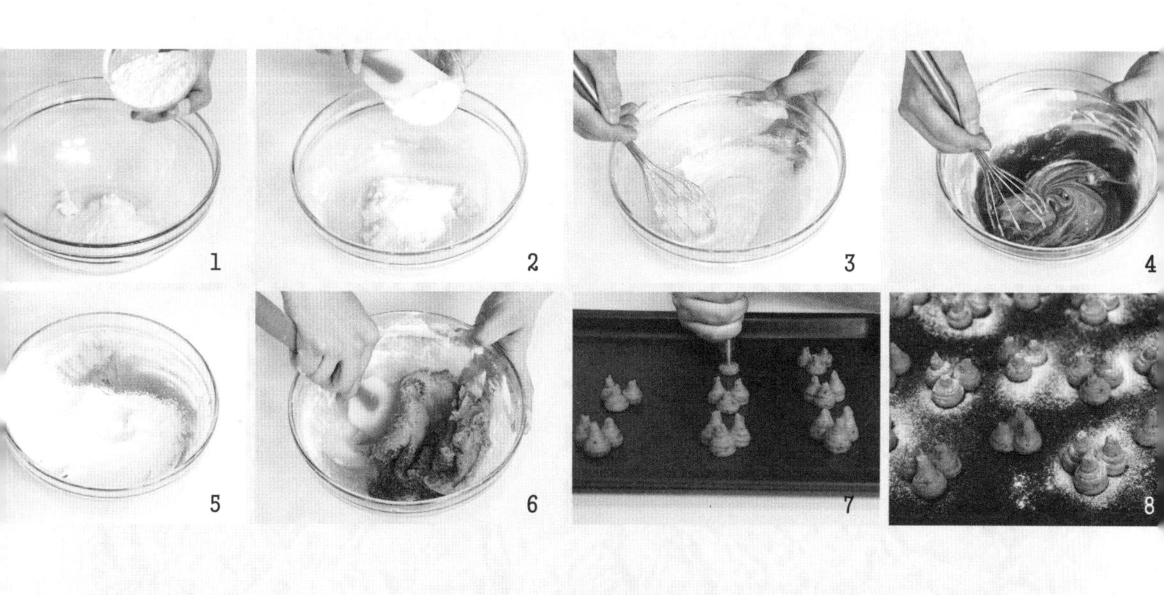

COOKIES

芝士番茄饼干

{ 烤箱温度：上、下火160℃ 时间：17分钟 }

材料

奶油芝士__30克
糖粉__75克
无盐黄油__30克
鸡蛋液__35克
芝士粉__45克
番茄酱__60克
低筋面粉__100克
黑胡椒粒__1克
披萨草__2克

制作过程

1 将室温软化的奶油芝士加一半糖粉拌匀。
2 加入室温软化的无盐黄油和剩余的糖粉拌匀。
3 倒入鸡蛋液搅拌均匀。
4 倒入芝士粉、番茄酱搅拌均匀。
5 筛入低筋面粉，用长柄刮板继续搅拌至无干粉的状态。
6 倒入黑胡椒粒和披萨草，用长柄刮板继续搅拌，直至成为面糊。
7 将面糊装入装有圆齿花嘴的裱花袋中，挤在烤盘上。
8 在饼干坯上撒上适量糖粉，放入预热至160℃的烤箱中层，烘烤17分钟即可。

如果想吃硬一些的饼干，
可以将烤的时间适当增加，
这样烤出的饼干
硬度也会增加。

COOKIES

巧克力燕麦球

扫一扫做饼干

{ 烤箱温度：上、下火175℃　时间：16分钟 }

材料

无盐黄油__75克

细砂糖__100克

鸡蛋液__25克

中筋面粉__50克

泡打粉__2克

可可粉__5克

燕麦片__100克

巧克力__25克

制作过程

1 将室温软化的无盐黄油加细砂糖搅拌均匀。

2 倒入鸡蛋液，搅拌均匀。

3 加入燕麦片，混合均匀。

4 筛入泡打粉、中筋面粉和可可粉，拌至无干粉的状态，用手揉成面团。

5 将面团分成每个质量约30克的小饼干坯，搓圆，放在烤盘上。

6 烤箱预热至175℃，将烤盘置于烤箱的中层，烘烤16分钟，取出，放凉。

7 巧克力隔温水融化，装入裱花袋中。

8 裱花袋用剪刀剪出一个1~2毫米的小口，将融化的巧克力液挤在饼干的表面作为装饰即可。

COOKIES

咖啡雪球饼干

{ 烤箱温度：上火165℃，下火145℃　时间：15分钟 }

材料

无盐黄油__100克

糖粉__50克

咖啡粉__5克

低筋面粉__150克

制作过程

1 将烤箱通电，以上火165℃、下火145℃进行预热。

2 把无盐黄油倒入玻璃碗中，用电动搅拌器打散，加入糖粉继续搅拌均匀。

3 加入咖啡粉搅拌均匀，再加入低筋面粉，用长柄刮板翻拌均匀并揉成面团。

4 把面团揉成若干个质量约20克的小球，放入垫有烘焙纸的烤盘中，用勺子压一下整形。

5 在面团表面筛上糖粉，把烤盘放入预热好的烤箱中，烘烤约15分钟即可。

加入咖啡粉和低筋面粉时，
可用筛网过滤一次，
让粉质更细腻、不结块。

生的黄豆粉不可食用，
一般需要将黄豆炒熟磨粉，
或磨成粉后炒熟。

COOKIES

黄豆粉雪球饼干

扫一扫做饼干

{ 烤箱温度：上、下火170℃　时间：15分钟 }

材料

饼干体：

无盐黄油__80克

糖粉__40克

盐__1克

低筋面粉__100克

黄豆粉__40克

杏仁片__30克

装饰：

糖粉__10克

黄豆粉__10克

制作过程

1 把室温软化的无盐黄油搅打均匀。

2 加入糖粉，搅打均匀。

3 筛入低筋面粉和黄豆粉，加入盐，用长柄刮板搅拌均匀，再加入杏仁片拌匀，揉成面团。

4 将面团用保鲜膜包好，放入冰箱冷藏约1小时。

5 取出后将面团分成每个质量约20克的饼干坯，揉圆，放在烤盘上。

6 将烤盘置于预热好的烤箱中，烘烤15分钟。

7 取出，准备一个塑料袋，放入雪球饼干。

8 加入装饰用的糖粉和黄豆粉，拧紧袋口，轻轻晃动，使其均匀分布在雪球饼干的表面即可。

这是一款素饼干，
未使用黄油与鸡蛋，
不过需要注意搅拌的时间。

COOKIES

南瓜营养条

{ 烤箱温度：上、下火180℃　时间：20分钟 }

材料

低筋面粉__160克
南瓜泥__250克
南瓜子__8克
碧根果仁碎__10克
蔓越莓干碎__10克
蜂蜜__30克
芥花子油__20克
泡打粉__1克

制作过程

1 将芥花子油、蜂蜜倒入搅拌盆中，用手动搅拌器搅拌均匀。
2 倒入南瓜泥，搅拌均匀。
3 筛入低筋面粉、泡打粉拌至无干粉状态。
4 倒入蔓越莓干碎、碧根果仁碎，搅拌均匀。
5 取蛋糕模具，铺上油纸，用长柄刮板将拌匀的面糊刮入蛋糕模具内，抹平。
6 面糊上铺上一层南瓜子，再将蛋糕模具放在烤盘上。
7 将烤盘放入已预热至180℃的烤箱中层，烤约20分钟，取出。
8 把饼干切成条，装碗即可。

COOKIES

榛果巧克力焦糖夹心饼干

{ 烤箱温度：上、下火160℃　时间：20分钟 }

材料

饼干体：

无盐黄油__70克

榛果巧克力酱__50克

糖粉__60克

鸡蛋液__15克

低筋面粉__123克

可可粉__12克

焦糖夹心馅：

细砂糖__25克

清水__4克

淡奶油__28克

吉利丁片__5克

盐__0.5克

有盐黄油__34克

制作过程

1 将室温软化的无盐黄油、榛果巧克力酱、糖粉用长柄刮板搅拌均匀，再倒入鸡蛋液搅拌均匀。

2 筛入低筋面粉、可可粉翻拌至无干粉状态，再揉成面团。

3 用擀面杖将面团擀成4毫米厚的饼干面皮，用圆形饼干模具裁切出圆形饼干坯，再将整块面皮一起放入冰箱冷冻30分钟。

4 将淡奶油、清水、细砂糖倒入锅中，开火煮至120℃，出现焦色后关火，加入7克有盐黄油搅拌均匀。

5 加入泡软的吉利丁片搅拌均匀，再加入盐和27克有盐黄油搅拌均匀，即成焦糖夹心馅。装入裱花袋中。

6 将冰箱中的面皮取出，除去多余的面皮，得到圆形饼干坯。

7 将饼干坯放在烤盘上，再放入预热至160℃的烤箱中层，烘烤20分钟，取出后放凉。

8 在一半的饼干内侧挤上焦糖夹心馅，再用另一半饼干盖上即可。

COOKIES

摩卡达克瓦兹

{ 烤箱温度：上、下火180℃　时间：12分钟 }

材料

饼干体：

蛋白__60克

细砂糖__20克

杏仁粉__33克

糖粉__30克

低筋面粉__20克

速溶咖啡粉__10克

奶油夹心：

黑巧克力__90克

淡奶油__30克

黄糖糖浆__5克

装饰：

糖粉__20克

制作过程

1 蛋白中加入细砂糖，搅打至硬性发泡，即可以拉出鹰嘴钩即可。

2 筛入低筋面粉、杏仁粉、糖粉、速溶咖啡粉，翻拌均匀。

3 将面糊装入裱花袋中，挤到铺有烘焙纸的烤盘中，作为达克瓦兹的饼干体。

4 烤箱预热至180℃，将烤盘置于烤箱的中层，烘烤12分钟。

5 取出后，用粉筛将20克糖粉筛在饼干体表面作为装饰。

6 将黑巧克力隔温水加热至融化。

7 在黄糖糖浆中倒入淡奶油，搅拌均匀。

8 再将淡奶油混合物倒入黑巧克力液中，搅拌均匀，装入裱花袋中，即为奶油夹心。

9 将奶油夹心挤在一半饼干的内侧平整处。

10 再将另一半饼干内侧平整处贴合在挤有奶油夹心的饼干上即可。

第三章

口感酥脆的饼干

除了奶香味十足的基础款饼干，
口感酥脆的饼干也很受欢迎。
各种薄、脆、酥，
一口下去，
满足感在心底油然而生……

2

COOKIES

椰丝小饼

{ 烤箱温度：上火180℃，下火130℃　时间：10~15分钟 }

材料

低筋面粉__50克
无盐黄油__90克
鸡蛋液__30克
糖粉__50克
椰丝末__80克

制作过程

1 烤箱通电后，将上火温度调至180℃，下火温度调至130℃进行预热。

2 将室温软化的无盐黄油倒在料理台上，倒入糖粉，用长柄刮板充分和匀。

3 倒入鸡蛋液、椰丝末，筛入低筋面粉，搅拌和匀，将和好的面糊装入裱花袋中。

4 将面糊以画圈的方式挤成若干的饼坯，置于铺好烘焙纸的烤盘上。

5 将烤盘放入烤箱中，烤10~15分钟至饼干表面呈金黄色。

6 打开烤箱，将烤盘取出，将烤好的食材摆放在盘中即可。

4

5

6

COOKIES

芝麻苏打饼干

{ 烤箱温度：上、下火200℃　时间：10分钟 }

材料

酵母__3克
清水__70克
低筋面粉__150克
盐__2克
小苏打__2克
无盐黄油__30克
白芝麻__适量
黑芝麻__适量

制作过程

1 将低筋面粉、酵母、小苏打、盐倒在料理台上，充分混和均匀。
2 在中间开窝，倒入备好的清水，用刮板搅拌至水分被吸收。
3 加入室温软化的无盐黄油、黑芝麻、白芝麻，一边翻搅一边按压，将所有食材混匀，揉成面团。
4 在料理台撒上少许面粉，放上面团，用擀面杖将面团擀成3毫米厚的面皮。
5 用刀将面皮修整齐，切成大小一致的长方片。
6 在烤盘内垫上高温布，将切好的长方片整齐地放入烤盘内。
7 用叉子依次在每个面片上戳上装饰花纹。
8 将烤盘放入预热好的烤箱内，时间定为10分钟，烤至饼干松脆。
9 待10分钟后，将烤盘取出放凉。
10 将烤好的饼干装入盘中即可食用。

COOKIES

核桃焦糖饼干

扫一扫做饼干

{ 烤箱温度：上、下火150℃　时间：30分钟 }

材料

饼干体：

无盐黄油__100克
细砂糖__40克
盐__2克
鸡蛋液__15克
低筋面粉__120克
杏仁粉__40克

焦糖核桃：

无盐黄油__80克
细砂糖__40克
淡奶油__40克
蜂蜜__40克
核桃__100克

制作过程

1 在100克室温软化的无盐黄油中加入40克细砂糖，搅拌均匀，再倒入鸡蛋液，搅拌均匀。

2 筛入低筋面粉、杏仁粉、盐，用长柄刮板搅拌均匀，再用手揉成面团。

3 将揉好的面团包上保鲜膜，放入冰箱冷藏约30分钟。取出面团，用擀面杖擀成约4毫米厚的面片。

4 撕开保鲜膜后，将面片放置在贴好油纸的烤盘上，用小叉子戳若干个透气孔。

5 烤箱预热至150℃，将烤盘置于烤箱的中层，烘烤15分钟，取出。

6 将80克无盐黄油和40克细砂糖倒入锅中，煮至微微焦黄，倒入淡奶油和蜂蜜，再加入核桃，搅拌均匀，即为焦糖核桃。

7 将焦糖核桃放在烘烤好的饼干上，用长柄刮板抹平。

8 再放入烤箱，以150℃烘烤15分钟，取出放凉，切成正方形的饼干即可。

如果用裱花嘴
改变饼干坯的形状，
那么制出的饼干口感会大有不同。

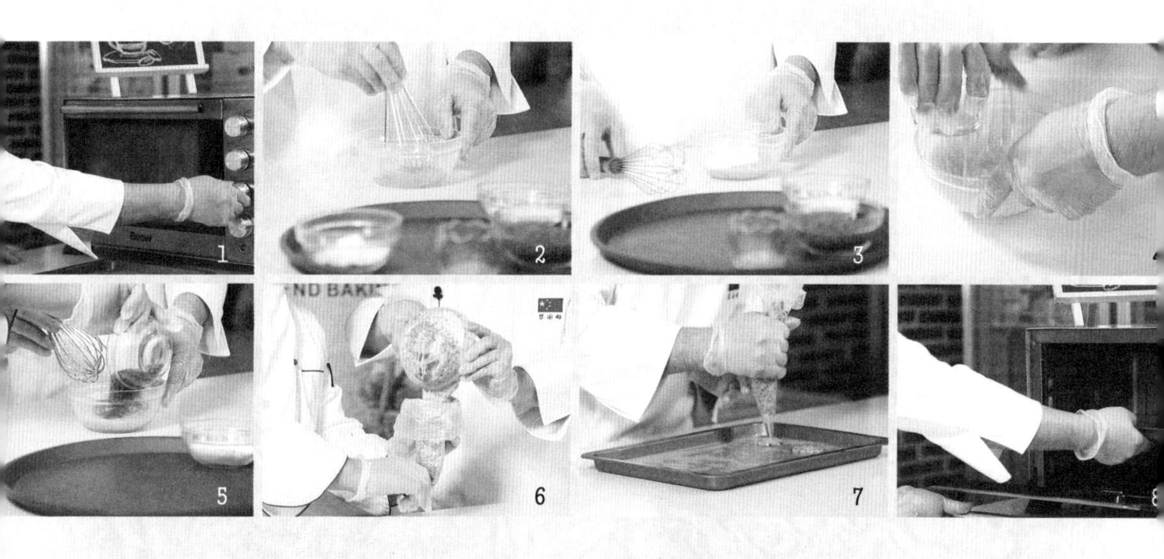

COOKIES

亚麻子瓦片脆

{ 烤箱温度：上火180℃，下火150℃　时间：15~20分钟 }

材料

低筋面粉__25克
无盐黄油__10克
糖粉__25克
鸡蛋__50克
亚麻子__60克
盐__适量

制作过程

1. 烤箱通电后以上火180℃、下火150℃进行预热。
2. 备好一个玻璃碗，将鸡蛋打入碗中，加入盐，用搅拌器打散。
3. 倒入糖粉，继续将材料搅拌均匀。
4. 倒入室温软化的无盐黄油，搅拌均匀。
5. 加入亚麻子拌匀，筛入低筋面粉，搅拌均匀。
6. 用长柄刮板把面糊装入裱花袋中。
7. 将面糊挤在铺有油纸的烤盘上。
8. 把烤盘放入烤箱，烘烤15~20分钟至饼干表面变成金黄色即可。

1
2

COOKIES

全麦巧克力薄饼

扫一扫做饼干

{ 烤箱温度：上、下火180℃　时间：12~15分钟 }

材料

低筋面粉__70克
淡奶油__10克
全麦面粉__25克
无盐黄油__50克
细砂糖__30克
盐__0.5克
黑巧克力__100克

制作过程

1 取一个搅拌盆，放入室温软化的无盐黄油和细砂糖，用手动搅拌器搅拌均匀。
2 倒入淡奶油，搅拌均匀，加入盐，搅拌均匀。
3 加入全麦面粉拌匀，再筛入低筋面粉搅拌至无干粉状态，用手揉成面团。
4 用擀面杖将面团擀成约4毫米厚的面片，用圆形模具在面片上压出饼干坯。
5 其中一半的饼干坯中部用星形模具镂空，再将其覆盖在另一半完整的饼干坯上，放入烤盘中，置入预热好的烤箱，烘烤12~15分钟。
6 取出后，将融化的黑巧克力液注入饼干中心处的星星凹槽中作为装饰即可。

4

5

6

COOKIES

坚果法式薄饼

{ 烤箱温度：上、下火175℃　时间：10分钟 }

材料

无盐黄油_85克
糖粉_50克
盐_0.5克
鸡蛋液_25克
香草精_3克
低筋面粉_85克
杏仁粉_45克
巧克力液_适量
坚果、蛋白_各适量

制作过程

1 在室温软化的无盐黄油中加入糖粉、盐、鸡蛋液、香草精搅拌均匀。

2 筛入低筋面粉、杏仁粉，拌成面糊，再将其装入裱花袋。

3 在铺好油纸的烤盘上挤出长约6厘米的饼干坯。

4 在饼干坯的表面放上坚果作为装饰，并涂上少许蛋白。

5 把烤盘放入预热好的烤箱中，烘烤约10分钟，取出，在表面装饰少许巧克力液即可。

COOKIES

咖啡坚果烟卷

{ 烤箱温度：上、下火180℃　时间：7~9分钟 }

材料

蛋白__50克
细砂糖__35克
糖粉__40克
低筋面粉__12克
芝士粉__50克
咖啡粉__5克

装饰：

黑巧克力__30克
切碎的坚果__25克

制作过程

1 在蛋白中加入细砂糖，用电动搅拌器打至硬性发泡。
2 筛入糖粉、低筋面粉、芝士粉、咖啡粉，翻拌成细腻的面糊，抹在瓦片饼干模具中，刮平。
3 把模具放入烤盘中，再放进预热好的烤箱中，烘烤7~9分钟，取出后立即将薄片卷起、冷却。
4 将黑巧克力隔水加热至融化。
5 将饼干沾上黑巧克力液和切碎的坚果，待巧克力凝固即可食用。

注意揉的时候，
不要过度揉搓，
否则面团容易出油。

COOKIES

芝士脆饼

扫一扫做饼干

{ 烤箱温度：上、下火180℃　时间：15分钟 }

材料

无盐黄油__100克
细砂糖__60克
蛋黄__20克
低筋面粉__160克
芝士粉__20克
盐__1克

制作过程

1 将室温软化的无盐黄油搅拌均匀。
2 加入细砂糖，搅拌均匀。
3 倒入蛋黄，搅拌均匀。
4 加入盐、芝士粉，再筛入低筋面粉，搅拌至无干粉状态。
5 用手轻轻揉成面团。
6 将面团用擀面杖擀成约4毫米厚的面片。
7 先将面片切成三角形，再用圆形模具抠出圆形，做出奶酪造型的饼干坯，摆入烤盘。
8 烤箱预热至180℃，将烤盘置于烤箱的中层，烘烤15分钟即可。

1
2

COOKIES

薯泥脆饼

扫一扫做饼干

{ 烤箱温度：上、下火180℃　时间：12分钟 }

材料

低筋面粉__150克
盐__1克
小苏打__1克
熟土豆泥__55克
橄榄油__45克
披萨草__适量

制作过程

1 将低筋面粉筛入搅拌盆中，加入盐和小苏打，搅拌均匀。
2 倒入橄榄油，继续搅拌均匀。
3 加入预先准备好的熟土豆泥。
4 加入披萨草，搅拌均匀，再揉成面团，用擀面杖将面团擀成约4毫米厚的面片。
5 将面片用刀切成正方形的饼干坯，移入烤盘。
6 烤箱预热至180℃，将烤盘置于烤箱的中层，烘烤12分钟即可。

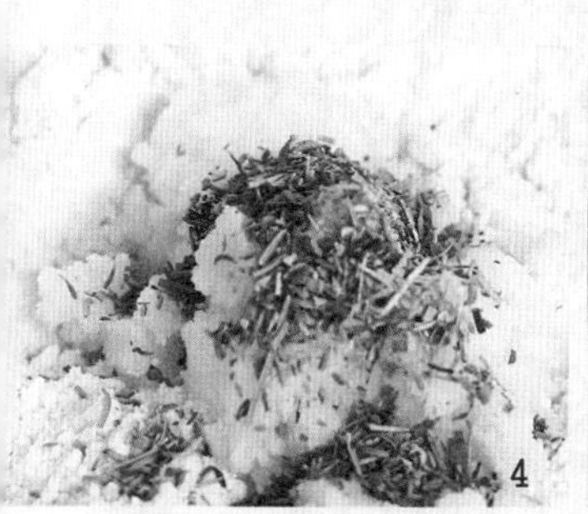
4

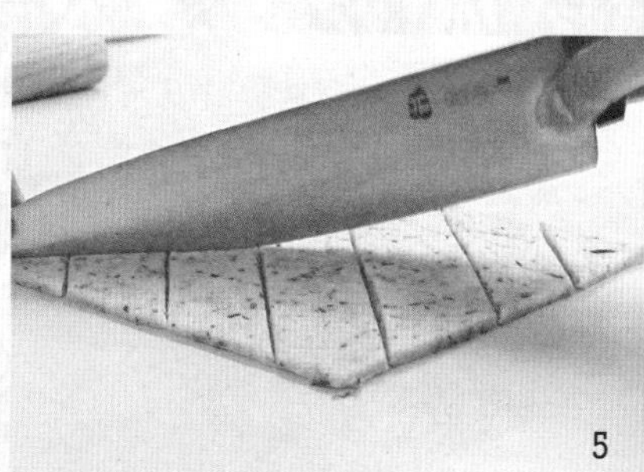
5

6

COOKIES

意大利杏仁脆饼

{ 烤箱温度：上火180℃，下火160℃　时间：15分钟 }

材料

面糊：

杏仁粉__100克

无盐黄油__70克

细砂糖__40克

全蛋__50克

蛋黄__50克

低筋面粉__35克

可可粉__15克

盐__2克

杏仁片__80克

蛋白霜：

蛋白__50克

柠檬汁__1克

细砂糖__40克

制作过程

1 将室温软化的无盐黄油和40克细砂糖倒入玻璃碗中搅拌均匀。

2 加入全蛋拌匀，倒入蛋黄进行搅拌，再倒入盐搅拌均匀。

3 筛入低筋面粉拌匀，再加入杏仁粉拌匀。

4 加入可可粉进行搅拌，再加入60克杏仁片拌匀后静置片刻，待用。

5 把蛋白和40克细砂糖倒入另一个玻璃碗中，用电动搅拌器打出少许泡沫，再加入柠檬汁，打出拉起搅拌器尾端能挺立的蛋白霜。

6 把打好的蛋白霜分成两半，将一半蛋白霜混入面糊中，用长柄刮板沿着盆边以翻转及切拌的方式拌匀，再将剩下的蛋白霜倒入面糊中混合均匀。

7 将拌好的面糊倒入模具中，撒上20克杏仁片，放入预热好的烤箱中，烘烤约10分钟。

8 把烤至半干状态的饼干取出，稍微放凉后切成块状。

9 将切好的饼干切面朝上放入铺有烘焙纸的烤盘，饼干之间留些空隙。

10 再次放入烤箱中，烘烤5分钟至饼干完全干燥即可。

每加入一样食材，
都需要搅拌均匀，
这样才能使面团更细腻。

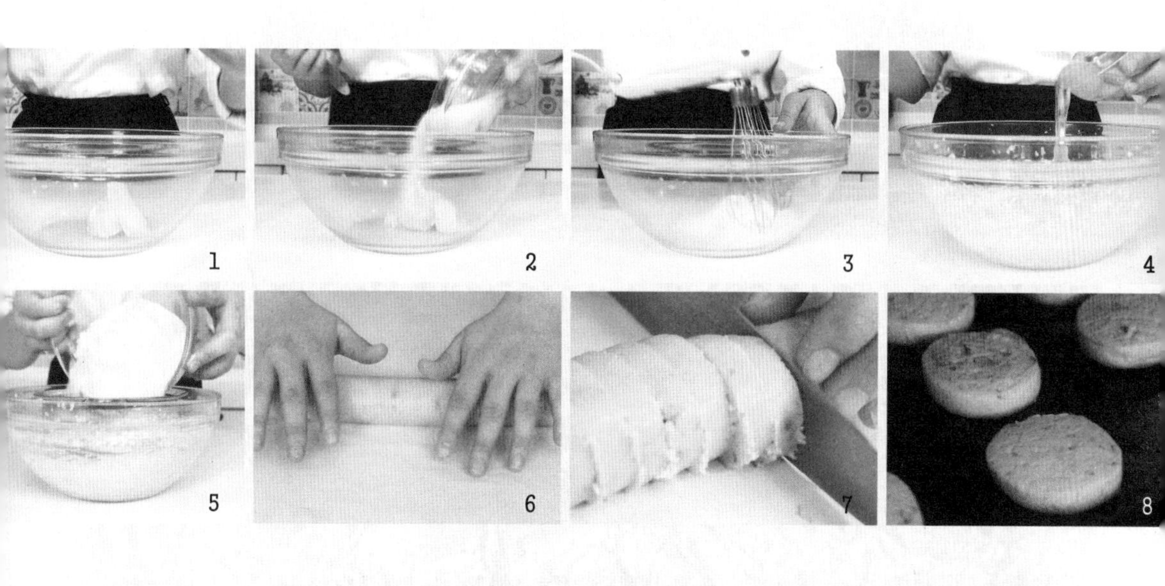

COOKIES

柠檬开心果脆饼

扫一扫做饼干

{ 烤箱温度：上、下火175℃　时间：15分钟 }

材料

无盐黄油__50克
细砂糖__70克
盐__1克
柠檬汁__30克
鸡蛋__1个(约50克)
低筋面粉__200克
杏仁粉__50克
泡打粉__2克
柠檬皮__50克
开心果碎__50克

制作过程

1 将室温软化的无盐黄油放入搅拌盆中。
2 加入细砂糖。
3 用电动搅拌器搅打至蓬松、颜色发白。
4 倒入鸡蛋、柠檬汁拌匀，加入柠檬皮、盐、泡打粉、杏仁粉、开心果碎拌匀。
5 筛入低筋面粉，搅拌至无干粉状态。
6 将面团揉搓成圆柱体，用油纸包好放入冰箱，冷冻约30分钟。
7 取出面团，去掉油纸，用刀切成约4毫米厚的饼干坯，放在烤盘上。
8 烤箱预热至175℃，将烤盘置于烤箱中层，烘烤15分钟即可。

1
2

COOKIES

幸运饼干

{ 烤箱温度：上、下火160℃　时间：10分钟 }

材料

低筋面粉__25克
蛋白__38克
糖粉__35克
无盐黄油__20克
盐__0.5克
橄榄油__10克

制作过程

1 将蛋白、糖粉、盐倒入大玻璃碗中，用手动打蛋器搅拌均匀。

2 将低筋面粉过筛至碗里，用手动打蛋器搅拌成无干粉的面糊。

3 将无盐黄油隔热水搅拌至融化，缓慢倒入大玻璃碗中，边倒边搅拌均匀，再倒入橄榄油，快速搅拌均匀，制成饼干糊。

4 取烤盘，铺上高温布，用勺子舀取适量饼干糊倒在高温布上，抹平，形成直径约为5厘米的圆形。

5 将烤盘放入已预热至160℃的烤箱中层，烤约10分钟，取出。

6 立即将小纸条放在饼干上，趁热将饼干对折，折成三角锥状，做出幸运饼干的造型即可。

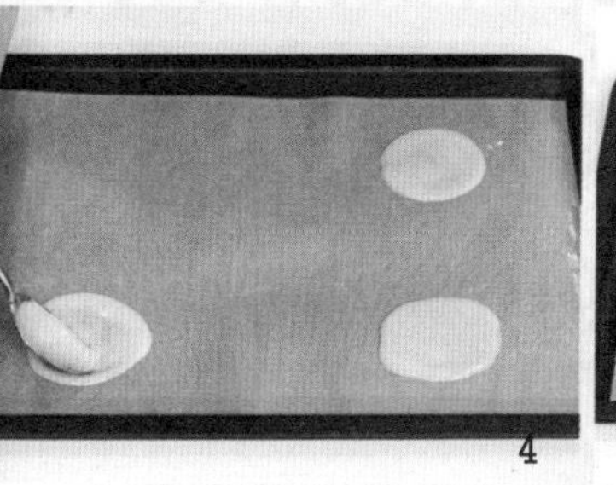
4

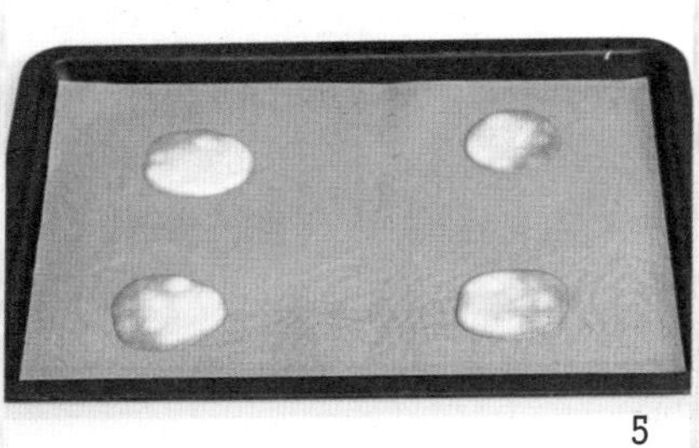
5

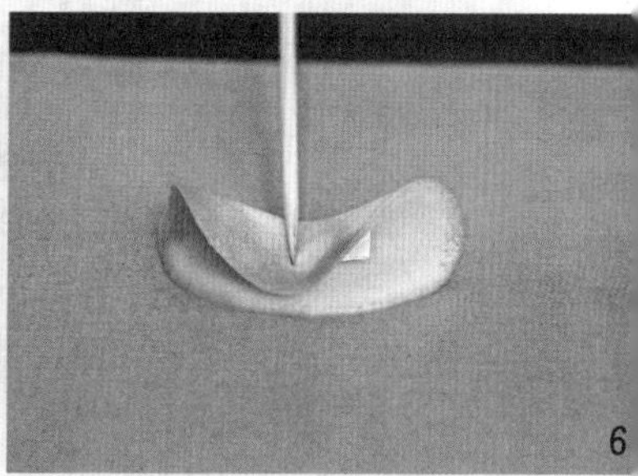
6

COOKIES

饼干棒

扫一扫做饼干

{ 烤箱温度：上、下火185℃ 时间：14分钟 }

材料

饼干体：

细砂糖__13克

无盐黄油__150克

冰水__75克

低筋面粉__200克

盐__1克

蛋黄__20克

装饰：

食用油__10克

细砂糖__20克

杏仁片__30克

制作过程

1. 将无盐黄油放入无水、无油的搅拌盆中，用长柄刮板压软。
2. 将盐、13克细砂糖放入装有无盐黄油的搅拌盆中，搅拌均匀。
3. 倒入蛋黄搅拌均匀，倒入冰水，持续搅拌材料至完全融合。
4. 筛入低筋面粉，用长柄刮板按压并搅拌至无干粉状态，用手轻轻揉成面团。
5. 用擀面杖将面团擀成约4毫米厚的饼干面片。
6. 将面片切成正方形，再切成细长条状，装入烤盘中。
7. 在长条状的饼干坯上刷食用油，再撒上装饰用的20克细砂糖。
8. 将杏仁片切碎，装饰在饼干坯上。
9. 烤箱预热至185℃。
10. 将烤盘置于烤箱的中层，烘烤约14分钟，取出，装入牛皮纸中即可。

冷冻过后的面团方便切片，
如果面团不冷冻，
切起来不易成型，
且面团容易粘上刀具。

COOKIES

巧克力脆棒

{ 烤箱温度：上火180℃，下火160℃　时间：18分钟 }

材料

无盐黄油__75克
细砂糖__50克
鸡蛋__1个
低筋面粉__110克
可可粉__10克
泡打粉__1克
巧克力豆__25克

制作过程

1 在室温软化的无盐黄油中加入细砂糖搅拌均匀。
2 加入鸡蛋，搅拌至呈乳膏状，再筛入低筋面粉，翻拌均匀。
3 加入可可粉搅拌均匀，再倒入泡打粉拌匀。
4 加入巧克力豆搅拌均匀，揉成面团。
5 将面团揉成长条状，用刮板按压成长方形块。
6 将面团放入冰箱，冷冻约20分钟。
7 面团变硬后，切成厚片状，放在垫有烘焙纸的烤盘上，中间预留空隙。
8 放入预热好的烤箱中，烘烤约18分钟即可。

COOKIES

扭扭曲奇条

扫一扫做饼干

{ 烤箱温度：上、下火170℃ 时间：10分钟 }

材料

无盐黄油__80克
绵白糖__60克
鸡蛋液__25克
低筋面粉__100克
可可粉__8克
香草精__适量

制作过程

1 将室温软化的无盐黄油放入干净的搅拌盆中，加入绵白糖，搅拌均匀。
2 倒入鸡蛋液，搅拌均匀。
3 倒入香草精搅拌均匀，用来去除蛋液的腥味。
4 筛入低筋面粉，用长柄刮板搅拌均匀，再用手轻轻揉成面团。
5 分出一半的面团，加入可可粉揉均匀。
6 将两份面团分别用擀面杖擀平，切成正方形，再切成长条形的饼干坯。
7 将黑饼干坯、白饼干坯分别扭成螺旋形，放入烤盘中。
8 烤箱预热至170℃，将烤盘置于烤箱的中层，烘烤10分钟即可。

倒入蛋液时，
分次加入并搅拌均匀，
可使面团更细滑。

烘焙中对于材料的混合搅拌，
之所以要分多次进行，
是为了让材料与材料
更好地融合。

COOKIES

蔓越莓酥条

{ 烤箱温度：上火180℃，下火160℃　时间：16~18分钟 }

材料

低筋面粉__80克
无盐黄油__40克
细砂糖__40克
蛋黄__25克
蔓越莓干__30克
泡打粉__1克
盐__2克

制作过程

1. 在室温软化的无盐黄油中加入细砂糖搅拌均匀。
2. 加入打散的蛋黄搅拌，加入盐继续搅拌。
3. 筛入低筋面粉和泡打粉，搅拌均匀。
4. 加入切碎的蔓越莓干搅拌均匀。
5. 将面糊揉成面团放在料理台上，再用刮板按压成约2厘米厚的长方形面片。
6. 将面片放入冰箱冷冻半个小时以上，直至面皮变硬方可取出。
7. 用刀将变硬的面片切成厚度一致的条形生坯。
8. 将生坯摆放在垫好烘焙纸的烤盘上，放入预热好的烤箱中，烘烤16~18分钟，至饼干表面呈金黄色即可。

1
2

COOKIES

夏威夷果酥

扫一扫做饼干

{ 烤箱温度：上、下火160℃　时间：12分钟 }

材料

饼干体：

无盐黄油__50克

细砂糖__20克

鸡蛋液__20克

低筋面粉__100克

泡打粉__1克

装饰：

鸡蛋液__少许

夏威夷果果仁__适量

制作过程

1 在室温软化的无盐黄油中加入细砂糖，搅拌均匀，倒入鸡蛋液，搅拌均匀。

2 筛入低筋面粉，加入泡打粉，用长柄刮板搅拌至无干粉状态，用手轻轻揉成面团。

3 用擀面杖将面团擀成约4毫米厚的面片，用圆形模具将面片压成饼干坯，移除多余的面片（多余面皮可反复制作，做出更多的饼干坯）。

4 饼干坯的表面放上一颗夏威夷果果仁，压实。

5 在饼干坯的表面刷上鸡蛋液。

6 烤箱预热至160℃，将烤盘置于烤箱的中层，烘烤12分钟即可。

4

5

6

无盐黄油和糖粉搅拌时，
只需要用手动搅拌器
或刮刀搅拌即可。

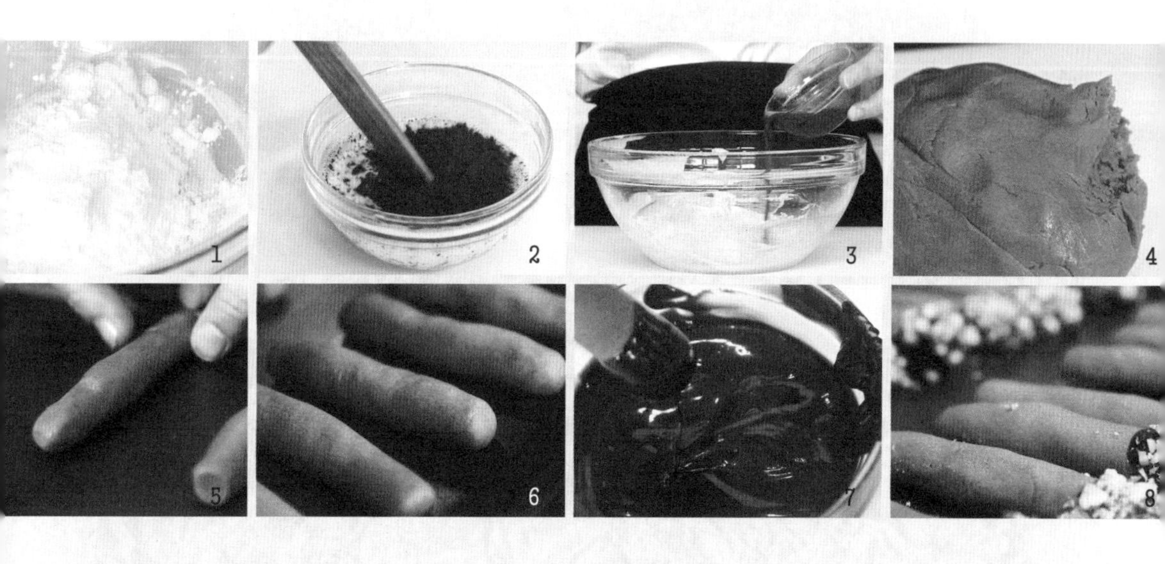

COOKIES

咖啡坚果奶酥

扫一扫做饼干

{ 烤箱温度：上、下火180℃ 时间：13分钟 }

材料

糖粉__60克
无盐黄油__80克
牛奶__20克
低筋面粉__120克
速溶咖啡粉__8克
黑巧克力__40克
杏仁__适量

制作过程

1 将室温软化的无盐黄油和糖粉搅拌均匀。
2 将速溶咖啡粉加入牛奶中，拌至完全溶解。
3 将咖啡牛奶倒入无盐黄油中，搅拌均匀。
4 筛入低筋面粉，搅拌至无干粉状态，用手轻轻揉成面团。
5 将面团分成每个质量约20克的饼干坯，揉圆后搓成约7厘米的长条，摆入烤盘。
6 烤箱预热至180℃，将烤盘置于烤箱的中层，烘烤13分钟，取出。
7 将杏仁切碎；黑巧克力隔温水融化，用饼干蘸上少许巧克力液。
8 在饼干有巧克力的地方粘上少许杏仁碎即可。

把冰冻无盐黄油用油纸包起，
用擀面杖擀成薄片，
可用于替代片状酥油。

COOKIES

千层酥饼

{ 烤箱温度：上火200℃，下火180℃ 时间：15分钟 }

材料

片状酥油__500克
高筋面粉__50克
无盐黄油__50克
细砂糖__50克
全蛋__50克
清水__350克
低筋面粉__700克
蛋白__20克
糖粉__100克
杏仁片__适量

制作过程

1 用长柄刮板把高筋面粉倒入低筋面粉中，混合后倒在案台上，用刮板开窝，再将室温软化的无盐黄油、细砂糖、全蛋放入粉窝中搅拌均匀。
2 分多次加入清水，并用手继续搅拌，使细砂糖和水充分融合后，慢慢把面粉搅进去。
3 用手把面团揉至，适当加水使面团充分伸展（揉面时力道要上下均匀）。
4 用保鲜膜将面团包裹住，放入冰箱冷冻1小时以上。
5 烤箱通电，以上火200℃、下火180℃预热。
6 把片状酥油裹进冷冻好的面团中，用擀面杖擀平并进行折叠，使两者充分混合，用保鲜膜包好放进冰箱再冷冻1小时以上。
7 取出冰箱的面团用擀面杖擀成片状后，再重复折叠并擀平，即为酥皮。
8 另置一只玻璃碗，加入蛋白、糖粉（留取适量备用），用搅拌器搅拌制成糖霜。
9 把酥皮分割成均匀的长条形，用奶油抹刀在分割好的面皮表面抹上糖霜，再沾上杏仁片。
10 把酥皮放入烤盘，移入烤箱，烘烤约15分钟，取出酥饼，筛上剩余糖粉装盘即可。

1
2

COOKIES

拿破仑千层水果酥

{ 烤箱温度：上火180℃，下火160℃　时间：20分钟 }

材料

酥皮：

高筋面粉__300克

低筋面粉__80克

细砂糖__25克

水__120克

鸡蛋__35克

黄油__25克

片状酥油__80克

装饰：

奶油__适量

新鲜水果丁__适量

制作过程

1 把除片状酥油外的其他酥皮材料搅拌成面团，擀成片状，压上片状酥油，继续擀成片状，重复三次，常温醒发2分钟，即为酥皮。

2 烤盘上垫烘焙纸，放上酥皮，用餐叉刺上一排排小透气孔，以免烘烤时酥皮隆起。

3 把烤盘放入预热好的烤箱中，烘烤约20分钟，至酥皮表面微金黄，取出放凉。

4 将奶油打发，待用。酥皮放至温热时切成大小均匀的方块。

5 在盘上放一块酥皮，将适量打发的奶油挤在酥皮上，放适量切好的新鲜水果丁。

6 再放第二层酥皮，挤上奶油，铺水果，最后再铺一块酥皮，用水果和奶油装饰即可。

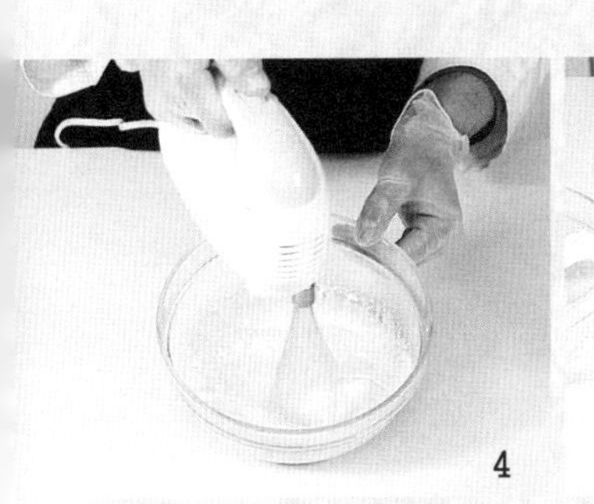

4

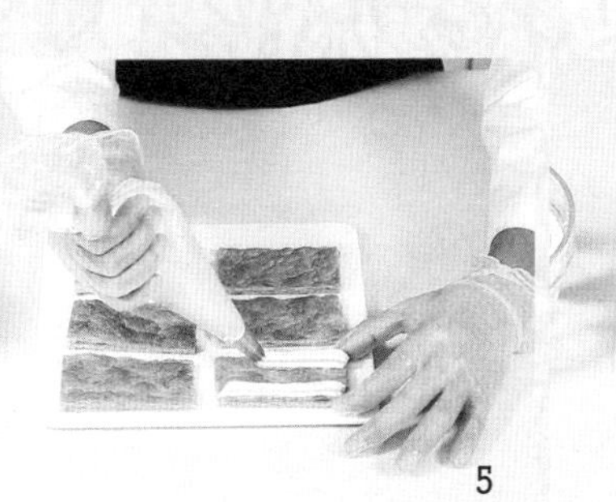

5

6

第四章

可爱的造型饼干

除了普通造型的饼干，
还有许多用模具压制或手揉出来的饼干，
形状更加美观，
制作起来也更有趣味性。
让我们现在就带着孩子，
制作一份可爱又有趣的造型小饼干吧！

1
2

COOKIES

椰蓉星星饼干

{ 烤箱温度：上、下火175℃　时间：12分钟 }

材料

高筋面粉__125克
糖粉__50克
椰汁__10克
盐__1克
蛋液__25克
无盐黄油__60克
椰蓉__60克

制作过程

1 在室温软化的无盐黄油中加入糖粉，用电动搅拌器打发至呈蓬松羽毛状。
2 分2次加入蛋液，搅打均匀，加入椰汁，搅打均匀。
3 筛入高筋面粉和盐，翻拌均匀，揉成面团，加入椰蓉，揉匀。
4 将面团擀成约5毫米厚的面片。
5 用星星模具压出星星的形状，置于烤盘中。
6 烤箱预热至175℃，烤盘置于烤箱中层，烘烤12分钟即可。

4

5

在饼干中添加少许盐，
可以使饼干的味道更加香甜，
所以有盐黄油
多用于制作咸香风味的饼干。

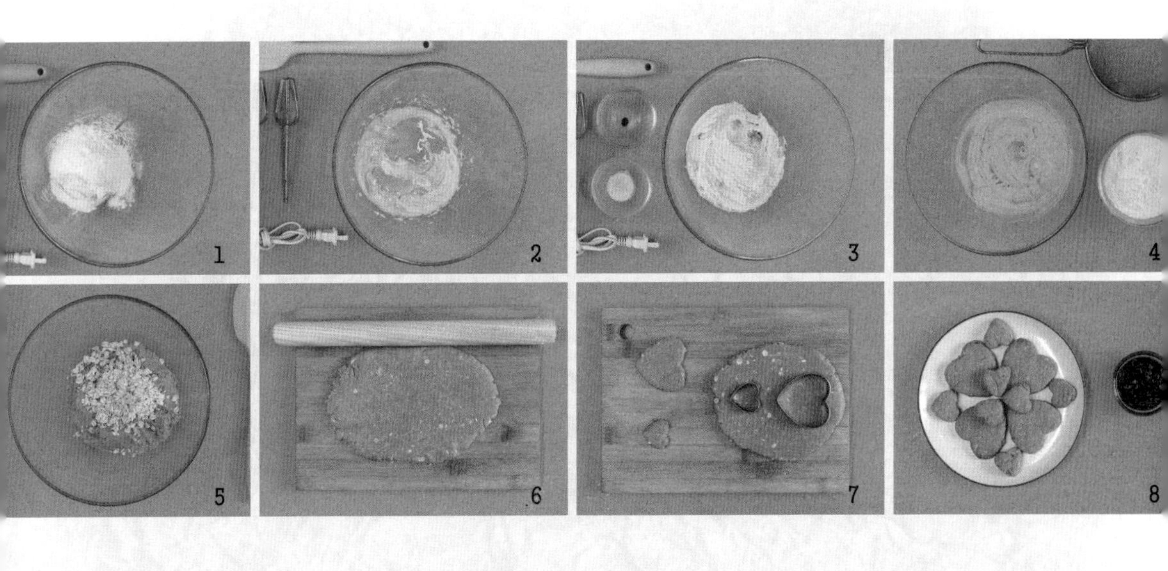

COOKIES

燕麦爱心饼干

{ 烤箱温度：上、下火175℃　时间：15分钟 }

材料

低筋面粉__130克
糖粉__50克
无盐黄油__60克
淡奶油__10克
红色食用色素__适量
盐__1克
燕麦片__25克
蓝莓酱__适量
鸡蛋液__25克

制作过程

1 在室温软化的无盐黄油中加入糖粉，用电动搅拌器打发。

2 分2次加入鸡蛋液，搅打均匀，再加入淡奶油，搅打均匀。

3 加入红色食用色素和盐搅打均匀。

4 筛入低筋面粉。

5 加入燕麦片，搅拌均匀，揉成面团。

6 将面团擀成约3毫米厚的面片。

7 用爱心模具压出心形饼干坯，置于烤盘中。

8 烤箱预热至175℃，烤盘置于烤箱中层，烘烤15分钟，取出，可搭配蓝莓酱食用。

黄油除了可隔水融化，
还可以使用微波炉加热融化，
只需要用高火加热30秒即可。

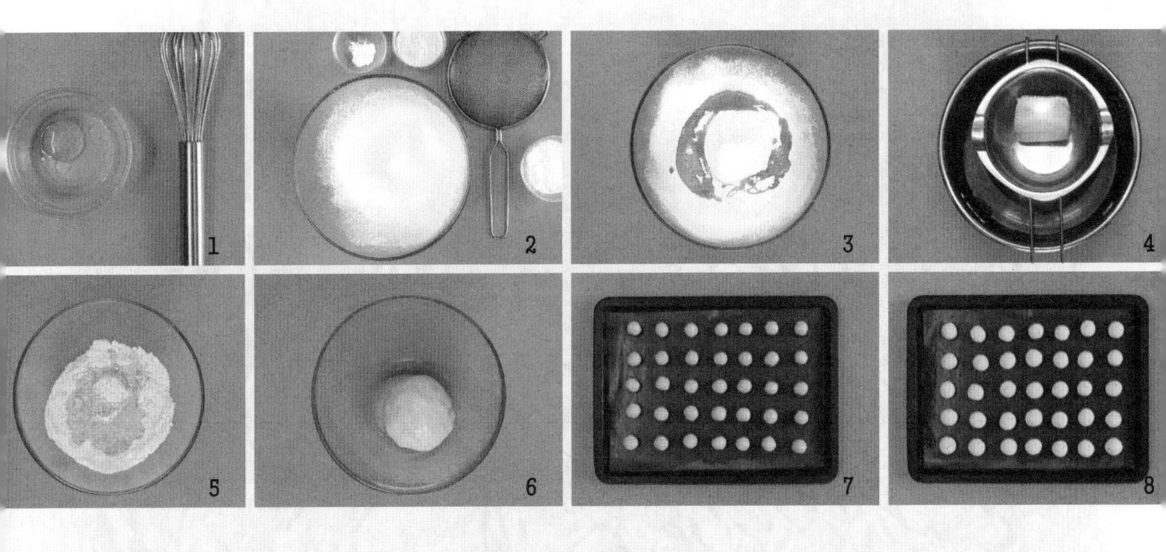

COOKIES

小馒头饼干

{ 烤箱温度：上、下火175℃　时间：16~20分钟 }

材料

生粉__140克

无盐黄油__40克

鸡蛋__1个

糖粉__35克

朗姆酒__15克

玉米糖浆__10克

泡打粉__2克

奶粉__25克

低筋面粉__20克

制作过程

1 在鸡蛋中加入玉米糖浆，用手动搅拌器搅打均匀。

2 将生粉、糖粉、泡打粉、奶粉、低筋面粉筛入到另一个碗中。

3 再将打好的蛋液加入到面粉碗中，搅拌均匀。

4 无盐黄油隔水加热融化。

5 注入面粉碗中，再加入朗姆酒。

6 拌匀后揉成面团。

7 面团分成每个质量约5克的小面团，搓成球，放在烤盘上（注意面团间需要留有空隙）。

8 将烤盘置于预热好的烤箱中层，烘烤8~10分钟，用余温再闷8~10分钟，放凉即可食用。

COOKIES

咖啡豆饼干

扫一扫做饼干

{ 烤箱温度：上、下火170℃　时间：20分钟 }

材料

无盐黄油__45克
淡奶油__10克
可可粉__3克
糖粉__45克
速溶咖啡粉__12克
低筋面粉__100克

制作过程

1 在室温软化的无盐黄油中加入糖粉，搅打至无颗粒的状态。
2 筛入速溶咖啡粉和可可粉，搅打均匀。
3 筛入低筋面粉，继续搅拌均匀。
4 加入淡奶油，搅拌均匀。
5 揉成咖啡面团。
6 将咖啡面团分成每个质量约5克的小面团，搓成枣形，用刮板划上一刀，即为咖啡豆状饼干坯，放入烤盘中。
7 烤箱预热至170℃，把烤盘置于烤箱中层，烤20分钟即可。

咖啡豆饼干的口味稍苦，
如果不适应过苦的口感，
可以将配方中的糖多加20克，
淡奶油多加10克。

这款饼干使用的是煮熟的蛋黄，
如果担心蛋黄和黄油混合不均匀，
可以将蛋黄由筛网压入黄油碗中，
再用长柄刮板搅拌均匀。

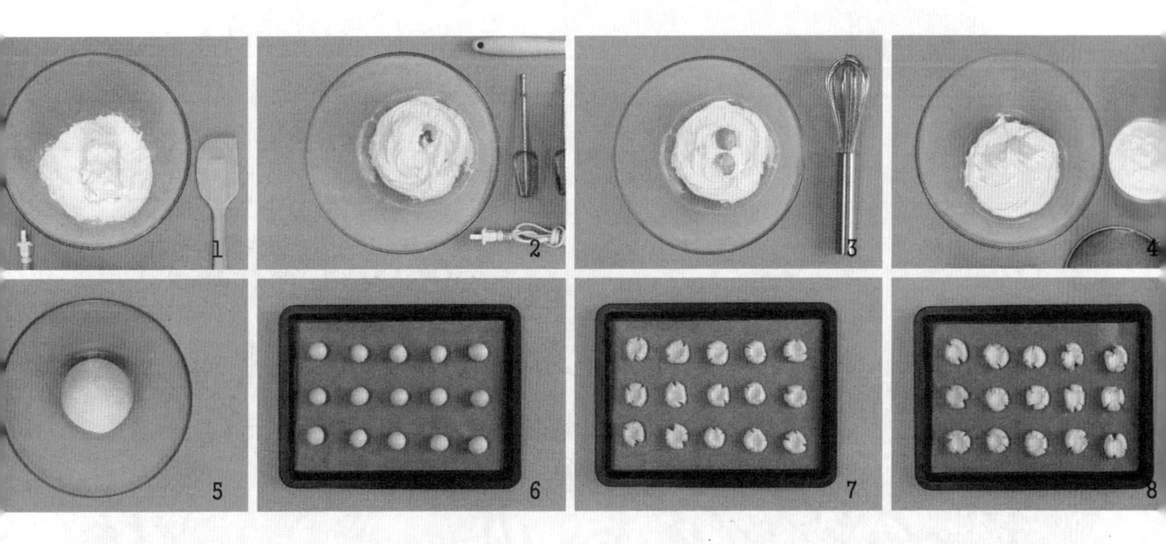

COOKIES

玛格丽特饼干

{ 烤箱温度：上、下火170℃　时间：15~20分钟 }

材料

低筋面粉__92克
玉米淀粉__92克
无盐黄油__100克
盐__1克
糖粉__50克
鸡蛋__2个

制作过程

1 室温软化的无盐黄油中加入糖粉和盐。
2 用电动搅拌器打至微微发白呈蓬松羽毛状。
3 煮熟鸡蛋，剥出蛋黄，放入黄油碗中碾碎，搅拌均匀。
4 筛入低筋面粉和玉米淀粉，搅拌至无干粉状态。
5 揉成面团，包上保鲜膜，放入冰箱，冷藏40分钟。
6 取出面团，分成每个质量约15克的小面团，将小面团搓成圆球状，在烤盘中码放整齐。
7 用食指从小球正中间按下，但不要压穿。
8 烤箱预热至170℃，把烤盘置于烤箱中层，烤15~20分钟即可。

COOKIES

地震饼干

{ 烤箱温度：上、下火160℃　时间：25分钟 }

材料

白兰地__20克
糖粉__100克
低筋面粉__100克
可可粉__40克
小苏打__2克
无盐黄油__30克
蛋液__50克

制作过程

1 将低筋面粉、可可粉、80克糖粉、小苏打混合筛入搅拌盆中，混合均匀。
2 将室温软化的无盐黄油倒入搅拌盆中，混合均匀，加入白兰地搅拌均匀，再加入蛋液搅拌均匀。
3 揉成面团，包上保鲜膜，放入冰箱，冷藏30分钟。
4 取出面团，分成每个质量约15克的小面团。
5 把小面团放入剩余的20克糖粉中滚一圈，放入烤盘。
6 烤箱预热至160℃，把烤盘置于烤箱中层，烤25分钟即可。

这款饼干的裂纹由烘烤产生，
所以制作时要把握好水分的比例，
以免水分过多，
无法产生裂纹。

❦COOKIES❦

奶牛饼干

{ 烤箱温度：上、下火180℃　时间：13分钟 }

材料

低筋面粉__170克
可可粉__3克
香草精__3克
盐__1克
无盐黄油__60克
炼乳__100克

制作过程

1 将室温软化的无盐黄油用电动搅拌器打至微微发白，呈蓬松羽毛状。
2 加入炼乳和香草精，搅拌均匀。
3 加入盐，筛入低筋面粉，搅拌至无干粉状态，揉成面团。
4 取出50克面团，加入可可粉混合均匀，制成黑颜色的面团。
5 白色面团用擀面杖擀成3毫米厚的面片。
6 取大小不一的黑色面团均匀放置在白色面片上，擀平，并用模具压成奶牛形的饼干坯。
7 将饼干坯放入烤盘中。
8 烤箱预热至180℃，将烤盘置于中层，烘烤13分钟即可。

可以借助刮板将2/3的生坯铲起，
用手轻轻扶好，
快速移至烤盘中，
以保证饼干生坯的完整性。

细砂糖如有结块，
只需要用长柄刮板轻轻按压，
细砂糖就会恢复成松散的样子。

COOKIES

机器猫饼干

{ 烤箱温度：上、下火170℃　时间：15分钟 }

材料

低筋面粉__200克

细砂糖__60克

无盐黄油__110克

奶粉__20克

蛋黄__2个

制作过程

1 将室温软化的无盐黄油切小块，放入搅拌盆中。

2 加入细砂糖，搅打至呈蓬松羽毛状。

3 加入蛋黄，搅打均匀。

4 筛入低筋面粉。

5 筛入奶粉，搅拌至无干粉的状态。

6 揉成面团。

7 用擀面杖擀平面团，用机器猫饼干模具压出形状，放入烤盘。

8 烤箱调温至170℃，把烤盘置于烤箱中层，烘烤15分钟，取出，放凉后即可食用。

添加玉米淀粉是为了
降低面粉的筋度，
从而使饼干的口感更加酥软。

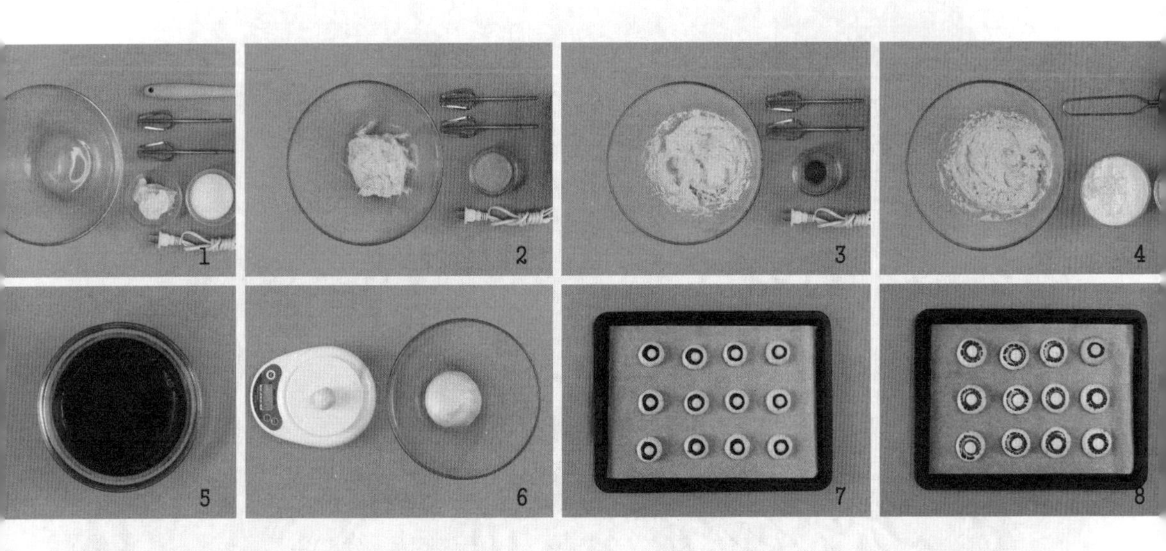

COOKIES

蘑菇饼干

{ 烤箱温度：上、下火180℃　时间：20分钟 }

材料

低筋面粉__40克
可可粉__10克
无盐黄油__65克
细砂糖__50克
清水__10克
全蛋液__25克
泡打粉__1克
香草精__3克
玉米淀粉__100克

制作过程

1. 在室温软化的无盐黄油中加入细砂糖，用电动搅拌器打至呈蓬松羽毛状。
2. 加入全蛋液，搅打均匀。
3. 加入香草精，搅打均匀。
4. 筛入低筋面粉、玉米淀粉和泡打粉，揉成团。
5. 另取一个空碗，将可可粉加清水冲开。
6. 用手取一小团（约20克）面团，揉成球状，稍微压扁。
7. 用一个小盖子沾上可可液，在小面团上压出蘑菇蒂的形状，放入烤盘。其余面团照此操作。
8. 将烤箱预热至180℃，把烤盘置于烤箱中层，烤20分钟即可。

粉类长时间暴露在空气中会吸收空
气中的水分，导致结块，
所以需要使用筛网将粉类过筛，
避免出现无法搅拌均匀的情况。

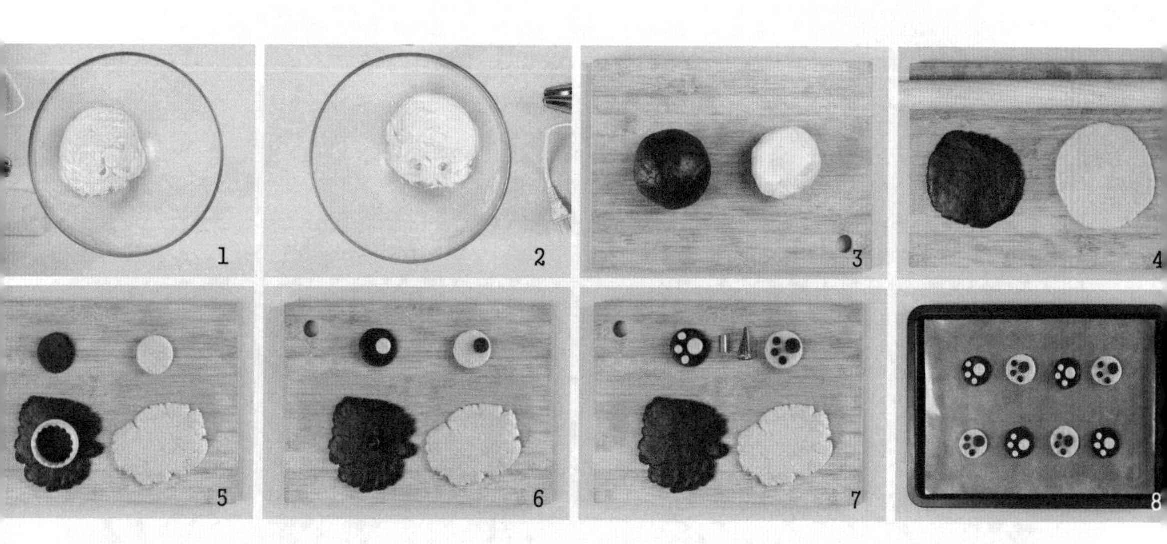

COOKIES

猫爪饼干

{ 烤箱温度：上、下火180℃　时间：15分钟 }

材料

原味面团：

无盐黄油__50克

糖粉__35克

低筋面粉__95克

鸡蛋液__15克

可可面团：

无盐黄油__80克

糖粉__60克

低筋面粉__130克

可可粉__20克

鸡蛋液__25克

制作过程

1 在室温软化的无盐黄油中加糖粉搅打均匀，分2次加入打散的鸡蛋液，搅打均匀。

2 筛入低筋面粉，搅打均匀，制成原味面团。

3 按以上方法制作可可面团。把两种面团放入冰箱，冷藏30分钟。

4 取出面团，擀成约3毫米厚的面片。

5 用模具压出大圆形面片。

6 用裱花嘴压出1个中等大小的圆形面片，摆在大圆形面片上。

7 用更小的模具压出小圆形面片，组合成猫爪。

8 烤箱预热至180℃，把烤盘置于烤箱中层，烘烤15分钟即可。

COOKIES

锅煎蛋饼干

{ 烤箱温度：上、下火160℃　时间：15分钟 }

材料

低筋面粉__110克
全蛋液__20克
无盐黄油__65克
黄色翻糖膏__适量
竹炭粉__5克
泡打粉__2克
白色棉花糖__适量
细砂糖__50克

制作过程

1 无盐黄油室温软化后加入细砂糖，打至微微发白的蓬松羽毛状，分两次加入全蛋液，每次加入都需要搅打均匀。

2 筛入竹炭粉、低筋面粉和泡打粉，用长柄刮板搅拌至无干粉。

3 擀成面片，用模具压出锅底和手柄，或直接搓小条作为锅柄。

4 在锅底上面放一小片白色棉花糖，作为煎蛋造型的蛋白。

5 将手柄组装在锅上，烤箱调温至160℃，把锅煎蛋饼坯置于烤箱中层，烘烤15分钟。

6 取出后，将黄色翻糖膏搓成小球装饰在上面做成蛋黄的样子即可。

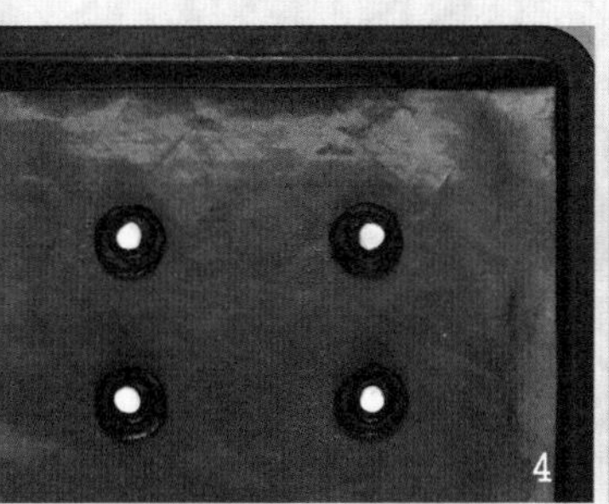
4

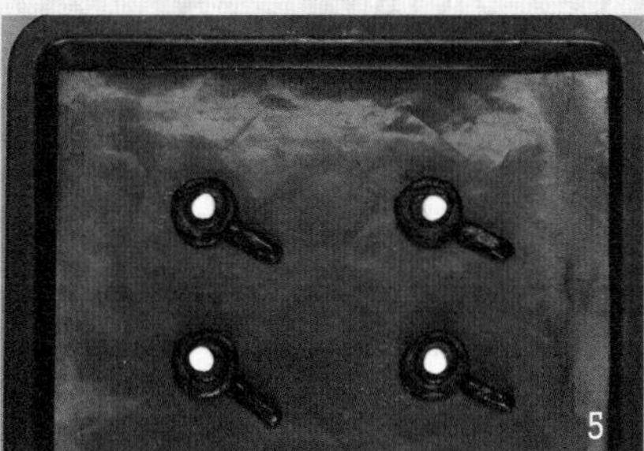
5

6

木质冰棍棒一定要充分浸泡，
拿出后擦干表面水分就要立刻使用，
否则烘烤过程中饼干棍会断裂，
木屑有可能会掉入到生坯中。

COOKIES

棒棒糖饼干

{ 烤箱温度：上、下火170℃　时间：20分钟 }

材料

木质冰棍棒__6~8支
全蛋液__100克
无盐黄油__150克
绿色食用色素__适量
红色食用色素__适量
糖粉__120克
低筋面粉__330克
清水__适量

制作过程

1 在室温软化的无盐黄油中加入糖粉，搅打至呈蓬松羽毛状，再分2次加入全蛋液打匀。
2 将木质的冰棍棒放入清水中浸泡60分钟，防止烘烤时木棍开裂。
3 在黄油中筛入低筋面粉，搅拌均匀。
4 揉成面团，分成三等份。
5 在其中两份中分别揉入红色、绿色食用色素。
6 将三种面团都分成每个质量约15克的小面团。
7 分别搓成长条状，将3条不同色的面条叠在一起，卷成棒棒糖状，置于烤盘中，插入木棍。
8 将烤箱预热至170℃，把烤盘置于烤箱中层，烤20分钟即可。

第五章

“画”风不一样的手绘饼干

巧克力酱不仅给饼干带来了不一样的色彩，
还带来了不一样的味道，
让饼干也有了生动的“表情”。
让我们给饼干画出简单的线条，
使饼干变成更可爱的样子吧！

1
2

COOKIES

圣诞树曲奇

{ 烤箱温度：上、下火165℃　时间：15分钟 }

材料

低筋面粉__100克
绿茶粉__15克
糖粉__45克
无盐黄油__40克
蛋白__30克
白色巧克力笔__1支

制作过程

1. 在室温软化的无盐黄油中加入糖粉，用电动搅拌器打至呈蓬松羽毛状。
2. 分2次加入蛋白，搅打均匀。
3. 筛入低筋面粉和绿茶粉，揉成面团，裹上保鲜膜，放入冰箱中冷藏40分钟。
4. 取出面团，用擀面杖擀成约4毫米厚的面片，用圣诞树模具压出圣诞树形生坯，置于烤盘中。
5. 将烤箱预热至165℃，把烤盘置于烤箱中层，烘烤15分钟。
6. 待放凉后，用白色巧克力笔装饰，晾干巧克力即可食用。

4

5

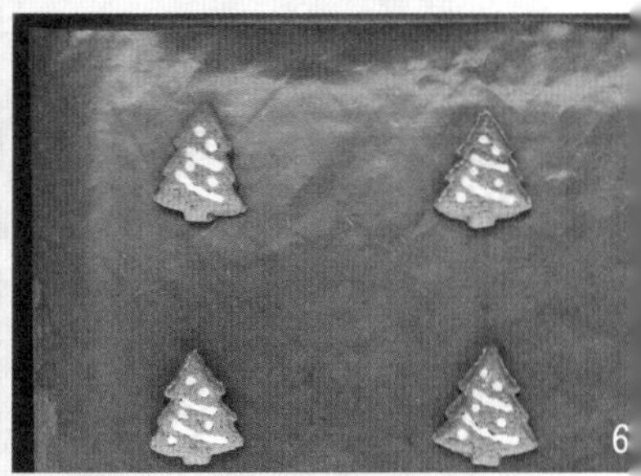
6

分次加入液体，
是为了液体材料与黄油充分混合。
每次放入液体材料后都要搅打，
但是要注意不要搅打过度。

COOKIES

长颈鹿饼干

{ 烤箱温度：上、下火175℃　时间：15分钟 }

材料

低筋面粉__110克
无盐黄油__50克
鸡蛋液__25克
糖粉__45克
黑色巧克力笔__1支

制作过程

1 将室温软化的无盐黄油用电动搅拌器搅匀，加入糖粉搅打至呈蓬松羽毛状。
2 分3次加入鸡蛋液，每次加入时都需要充分搅打均匀。
3 筛入低筋面粉，搅拌至无干粉状态。
4 揉成面团，放入冰箱，冷藏30分钟。
5 取出面团，擀成约3毫米厚的面片。
6 用长颈鹿模具压出长颈鹿形的生坯。
7 把生坯放在铺有油纸的烤盘上。
8 烤箱预热至175℃，把烤盘置于烤箱中层，烤15分钟，取出，放凉后用黑色巧克力笔画出长颈鹿的眼睛和纹路，晾干巧克力即可食用。

通常市售鸡蛋的质量在50克左右，
无论多大的鸡蛋，
其蛋黄的大小都在20克左右，
所以鸡蛋越大蛋白就越多。

COOKIES

企鹅饼干

{ 烤箱温度：上、下火175℃　时间：18分钟 }

材料

低筋面粉__100克
可可粉__25克
糖粉__40克
盐__1克
鸡蛋__35克
无盐黄油__55克
白色巧克力笔__1支

制作过程

1 将室温软化的无盐黄油用电动搅拌器搅匀，加入糖粉搅打至呈蓬松羽毛状。
2 鸡蛋打散后分2次倒入黄油中，搅打均匀。
3 筛入低筋面粉、盐和可可粉，搅拌至无干粉状态。
4 揉成面团，放入冰箱，冷藏30分钟。
5 取出面团，用擀面杖擀成约3毫米厚的面片。
6 用模具压出企鹅的形状。
7 摆在烤盘上，置于预热好的烤箱中层，烘烤18分钟。
8 取出，放凉后，用白色巧克力笔画出企鹅的眼睛和肚子，晾干巧克力即可食用。

1
2

COOKIES

奶瓶饼干

{ 烤箱温度：上、下火170℃　时间：15分钟 }

材料

糖粉__35克
鸡蛋液__25克
泡打粉__1克
香草精__2克
生粉__30克
杏仁粉__14克
无盐黄油__50克
低筋面粉__90克
粉色巧克力笔__1支
橙色巧克力笔__1支

制作过程

1 备好搅拌盆，放入室温软化的无盐黄油，加入糖粉，用电动搅拌器打至呈蓬松羽毛状。

2 分2次加入鸡蛋液，并加入香草精搅打均匀，筛入泡打粉、生粉、杏仁粉、低筋面粉。

3 用长柄刮板搅拌至无干粉状态，揉成面团。

4 将面团擀成约3毫米厚的面片，用奶瓶模具压出奶瓶的形状，移至烤盘中。

5 烤箱预热至170℃，把烤盘置于烤箱中层，烘烤15分钟，取出。

6 待放凉后，用橙色巧克力笔画出奶嘴和刻度，用粉色巧克力笔画出瓶盖，晾干巧克力即可。

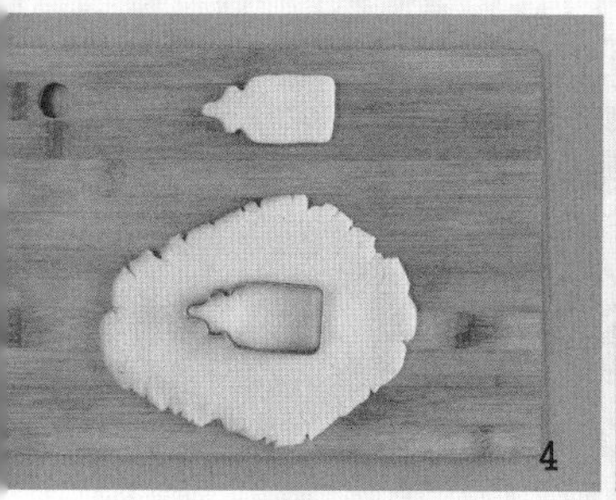
4

5

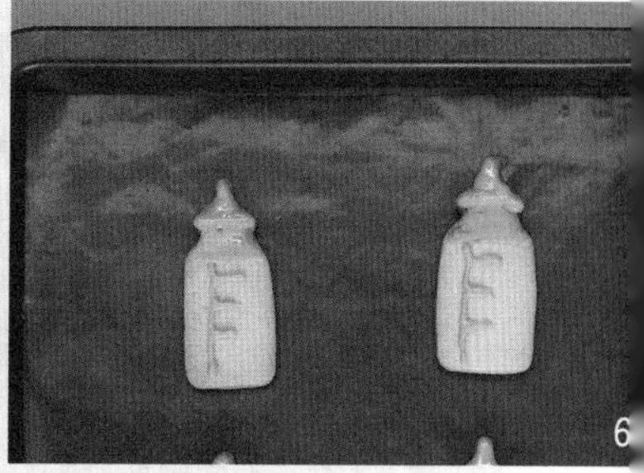
6

1
2

COOKIES

浣熊饼干

{ 烤箱温度：上、下火170℃ 时间：15分钟 }

材料

低筋面粉__130克
无盐黄油__65克
糖粉__50克
牛奶__20克
泡打粉__2克
可可粉__10克
香草精__3克
黑色巧克力笔__1支
白色巧克力笔__1支
棕色巧克力笔__1支

制作过程

1 将室温软化的无盐黄油用电动搅拌器搅匀，加入糖粉搅打至呈蓬松羽毛状。

2 加入牛奶和香草精搅拌均匀，筛入低筋面粉。

3 筛入泡打粉和可可粉，用长柄刮板翻拌至无干粉的状态。

4 揉成面团，用擀面杖擀成约3毫米厚的面片，再用浣熊模具压出浣熊的形状装盘。

5 烤箱预热至170℃，将装有生坯的烤盘置于烤箱中层，烤约15分钟。

6 取出，放凉后，用棕色巧克力笔画出浣熊的眼眶、鼻子、爪子，用白色巧克力笔画出浣熊的眼睛、肚子，再用黑色巧克力笔画出肚脐，晾干巧克力即可食用。

4

5

6

过度揉搓饼干面团，
会使面团表面出油，
生坯会更容易断裂，
烤出的饼干口感干硬、易碎。

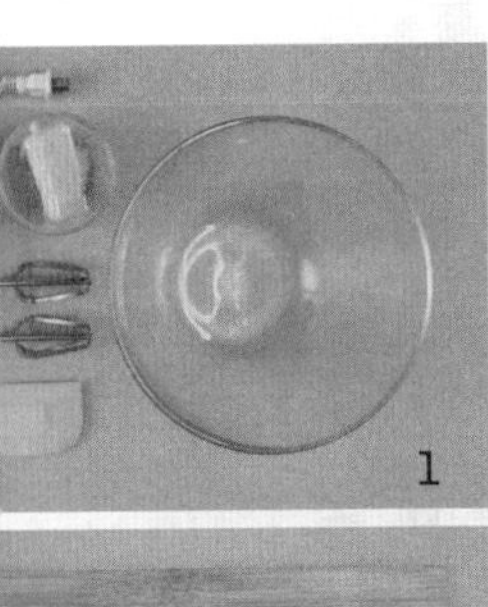
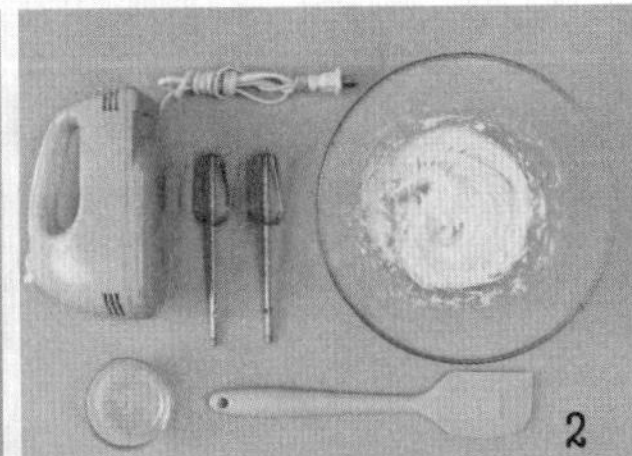

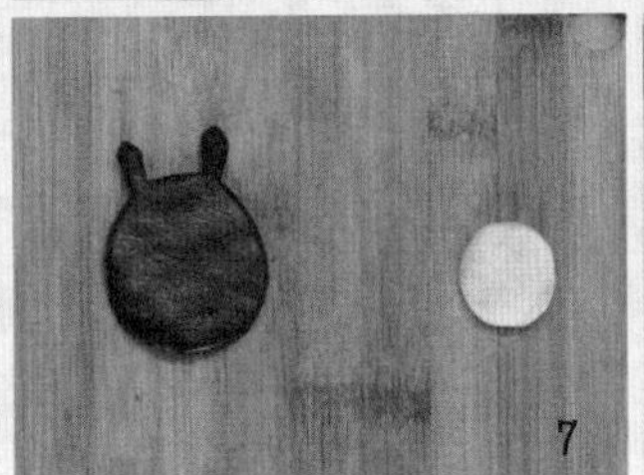

COOKIES

龙猫饼干

{ 烤箱温度：上、下火175℃　时间：20分钟 }

材料

原味面团：

全蛋液__15克
糖粉__35克
无盐黄油__50克
低筋面粉__110克

可可面团：

低筋面粉__130克
无盐黄油__80克
可可粉__20克
糖粉__60克
全蛋液__25克

装饰：

白色巧克力笔__1支
棕色巧克力笔__1支

制作过程

1 室温软化的无盐黄油加入糖粉，打发。
2 分2次加入全蛋液，每次加入都要搅打均匀。
3 筛入低筋面粉，用长柄刮板翻拌均匀。
4 依以上做法制作可可面糊。
5 拌好后得到两种面糊，分别揉成面团，放入冰箱，冷藏30分钟。
6 取出，分别擀成约3毫米厚的面片。
7 用龙猫模具在棕色面皮上压出龙猫的身体轮廓，在白色面团上压出圆形肚子，组装后放入盘中，置于预热好的烤箱中层，烤约20分钟。
8 取出，放凉后，用白色巧克力笔画出眼白，用棕色巧克力笔画出眼球和肚子上的花纹，晾干巧克力即可食用。

COOKIES

凯蒂猫饼干

{ 烤箱温度：上、下火170℃　时间：10分钟 }

材料

低筋面粉__130克
无盐黄油__50克
糖粉__30克
奶粉__20克
全蛋液__30克
粉色巧克力笔__1支
黑色巧克力笔__1支

制作过程

1 将室温软化的无盐黄油用电动搅拌器搅匀，加入糖粉搅打至呈蓬松羽毛状。
2 分3次加入全蛋液，每次加入都要搅打均匀。
3 筛入低筋面粉，再筛入奶粉，翻拌均匀，用手揉成面团。
4 用擀面杖将面团擀成约5毫米厚的面片。
5 用凯蒂猫模具压出造型饼干坯，放入烤盘中，再放入预热至170℃的烤箱中，烤10分钟。
6 取出，放凉后用黑色巧克力笔画出凯蒂猫的五官和手臂，用粉色巧克力笔画出头饰，晾干巧克力即可食用。

4

5

6

1
2

COOKIES

小狗饼干

{ 烤箱温度：上、下火175℃　时间：15分钟 }

材料

低筋面粉__200克
糖粉__60克
奶粉__20克
无盐黄油__110克
蛋黄__2个
粉色巧克力笔__1支
黑色巧克力笔__1支
白色巧克力笔__1支

制作过程

1 将室温软化的无盐黄油用电动搅拌器搅匀，加入糖粉搅打至呈蓬松羽毛状。

2 分2次加入蛋黄，继续搅打均匀。

3 筛入低筋面粉、奶粉和奶粉，用长柄刮板拌匀，揉成面团，放入保鲜袋中，放入冰箱冷藏30分钟。

4 取出，拿掉保鲜袋，擀面杖将饼干面团擀成约3毫米厚的面片，用模具压出小狗的形状，摆入烤盘。

5 烤箱预热至175℃，把烤盘置于其中层，烤约15分钟，取出。

6 放凉后，用白色巧克力笔画出小狗的眼白、眉毛和肚子，用黑色巧克力笔画出鼻子、眼球、耳朵、背部花纹、尾巴和爪子，用粉色巧克力笔画出颈绳，晾干后即可食用。

4

5

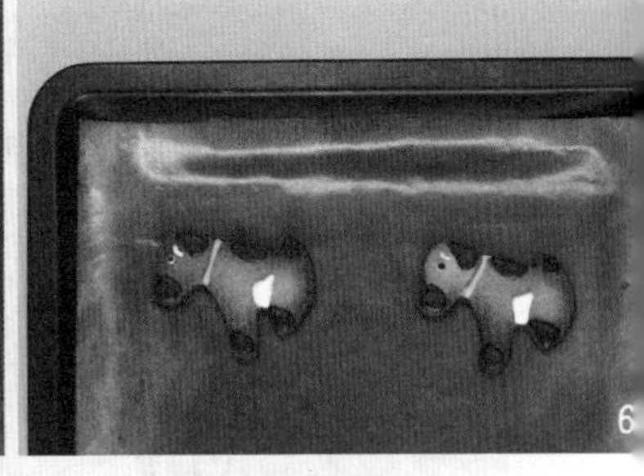
6

1
2

COOKIES

小熊饼干

{ 烤箱温度：上、下火175℃　时间：15分钟 }

材料

低筋面粉__110克
无盐黄油__60克
细砂糖__40克
可可粉__10克
鸡蛋液__25克
奶粉__8克
橙色巧克力笔__1支
白色巧克力笔__1支

制作过程

1 室温软化的无盐黄油中加入细砂糖，搅打至微微发白，呈蓬松羽毛状。

2 鸡蛋液分2次放入黄油中，每次加入时都要搅打均匀。

3 筛入低筋面粉、奶粉和可可粉，用长柄刮板搅拌至无干粉状态，揉成面团，放入保鲜袋，再放入冰箱冷藏30分钟。

4 取出，拿掉保鲜袋，擀成约3毫米厚的面片，用小熊模具压出小熊的形状，放入烤盘。

5 置于预热好的烤箱中层，烘烤15分钟。

6 取出，放凉后，用白色巧克力笔画出小熊的四肢、肚子、鼻子和耳朵，用橙色巧克力笔画出眼睛和蝴蝶结，晾干即可。

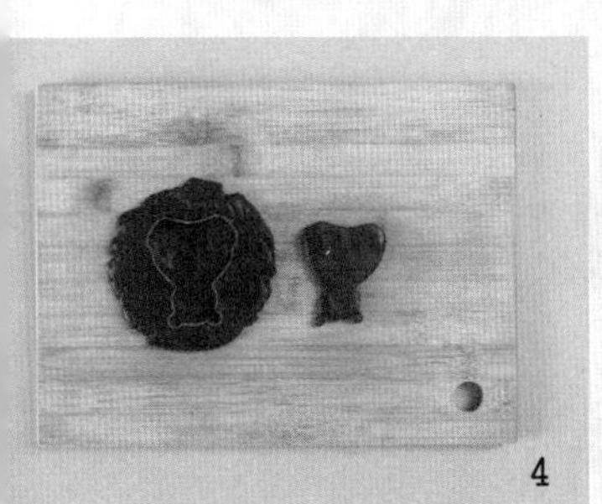
4

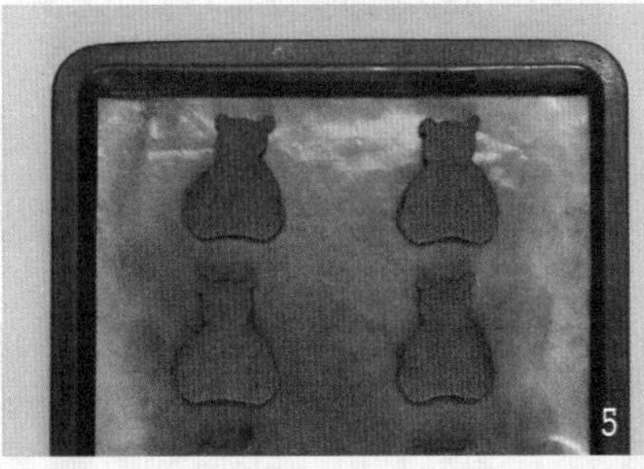
5

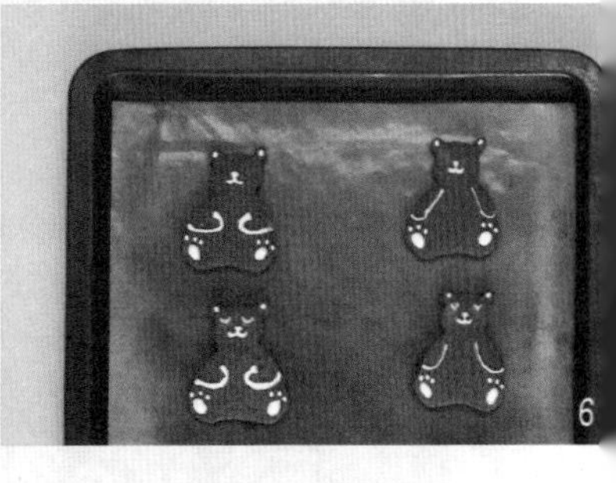
6

在将面团擀平的过程中，可以在面团的表面覆上保鲜膜，这样在擀面的过程中就不会出现面皮断裂的情况了，而且面皮也可以擀得更薄。

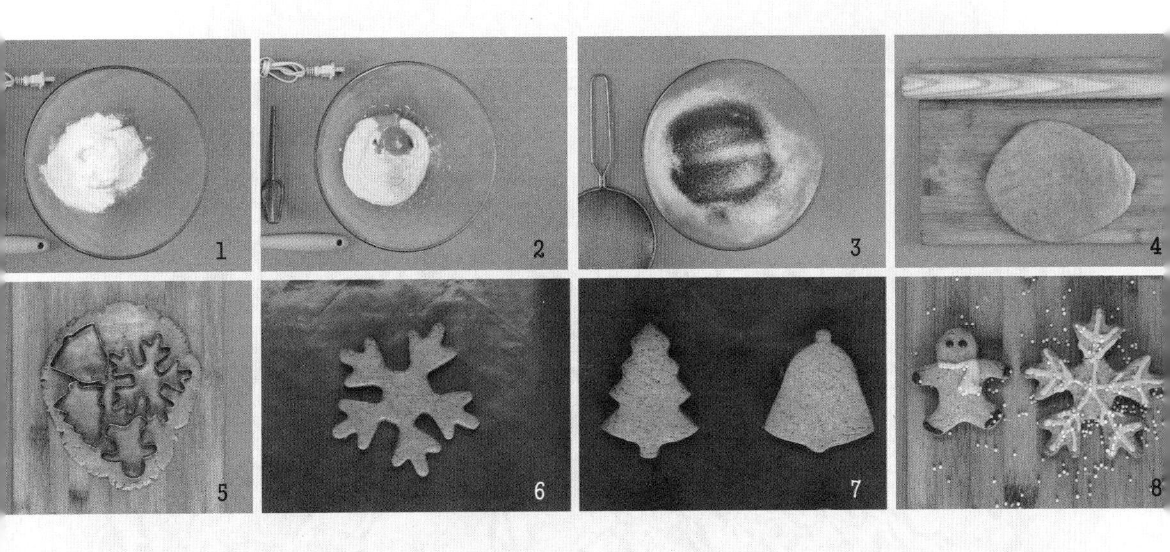

COOKIES

圣诞姜饼

{ 烤箱温度：上、下火170℃ 时间：15~18分钟 }

材料

低筋面粉__130克

糖粉__50克

无盐黄油__65克

蛋黄__1个

肉桂粉__2克

姜粉__5克

黑色巧克力笔__1支

橙色巧克力笔__1支

粉色巧克力笔__1支

彩色装饰糖珠__适量

制作过程

1 室温软化的无盐黄油加入糖粉，搅打蓬松。

2 分次加入蛋黄，搅打均匀。

3 筛入低筋面粉、姜粉和肉桂粉，揉成面团。

4 将面团擀成约5毫米厚的面片。

5 用圣诞模具压出各种形状的饼干生坯。

6 用刮板协助，把生坯移动到烤盘上。

7 把烤盘放入预热好的烤箱中，烘烤15~18分钟，取出，放凉。

8 用黑色巧克力笔画出姜饼人的眼睛和四肢，用粉色巧克力笔画出雪花的脉络，用橙色巧克力笔画出雪人的围巾、树木的枝叶，撒上彩色糖珠，晾干巧克力即可。

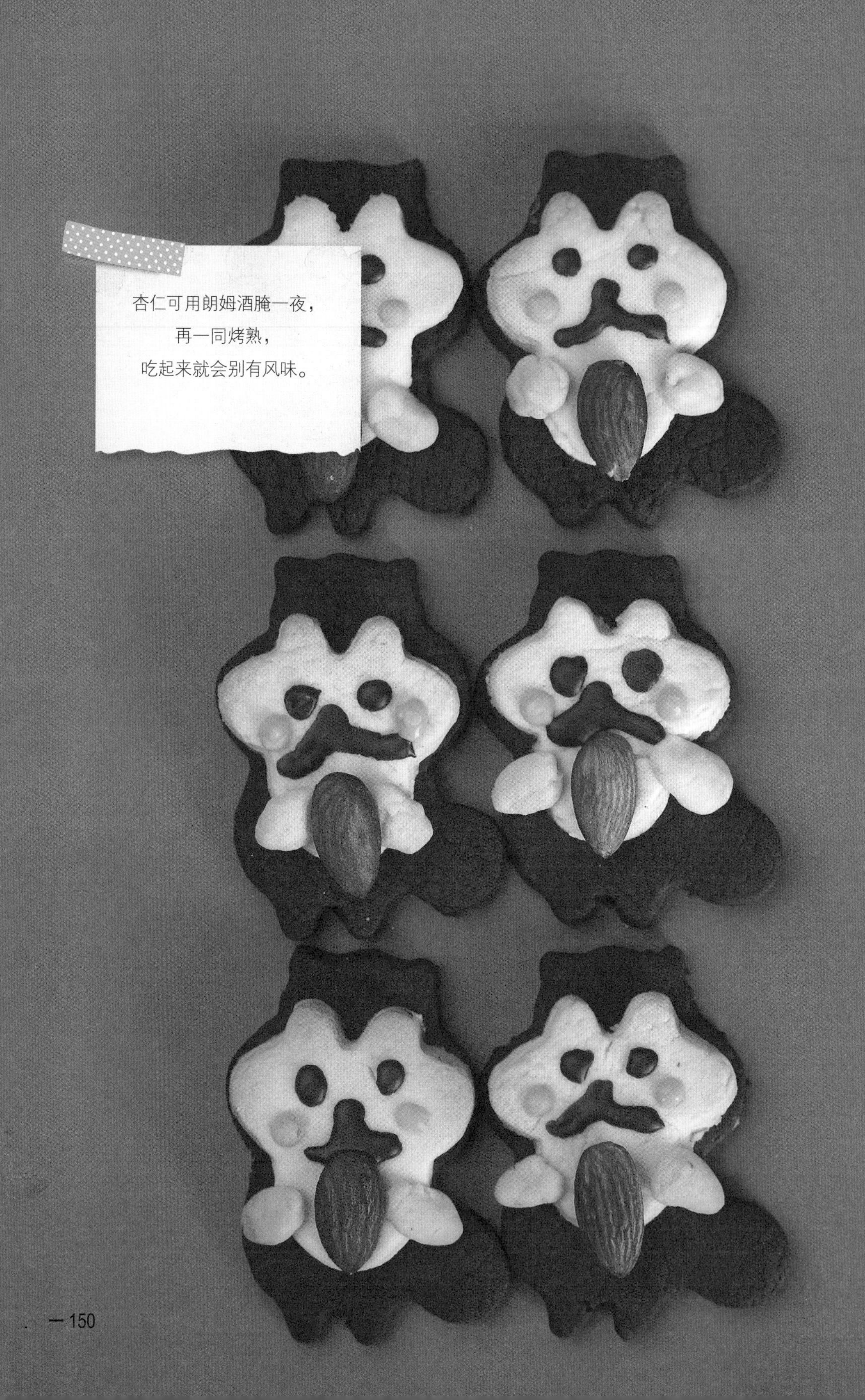
杏仁可用朗姆酒腌一夜，
再一同烤熟，
吃起来就会别有风味。

COOKIES

松鼠饼干

{ 烤箱温度：上、下火160℃　时间：18分钟 }

材料

原味面团：

无盐黄油__50克
糖粉__35克
低筋面粉__95克
鸡蛋液__15克

可可面团：

无盐黄油__80克
糖粉__60克
低筋面粉__130克
可可粉__20克
鸡蛋液__25克
杏仁__适量
黑色巧克力笔__1支
粉色巧克力笔__1支

制作过程

1 在室温软化的无盐黄油中加入糖粉，搅打均匀。
2 分2次加入打散的鸡蛋液，搅打均匀。
3 筛入低筋面粉。制作可可面团则另筛入可可粉，揉成面团，分别放入冰箱冷藏30分钟。
4 把冷藏后的面团擀成约3毫米厚的面片。
5 用脸部模具压原味面片，用多余的原味面团捏出两只松鼠前爪，用身体模具压可可味面片。
6 烤箱预热至160℃；在烤盘上组合饼干生坯。
7 在两爪之间放一颗杏仁，把烤盘放入烤箱，烘烤约18分钟。
8 取出，放凉后，用黑色巧克力笔画出松鼠的表情，用粉色巧克力笔画出脸蛋，晾干即可。

通常只需要购买白色的翻糖，
配合翻糖专用的色素，
即可制成彩色翻糖。

COOKIES

小黄人饼干

{ 烤箱温度：上、下火170℃ 时间：20分钟 }

材料

无盐黄油__100克
奶粉__10克
全蛋液__30克
细砂糖__70克
低筋面粉__180克
翻糖膏__180克
黄色食用色素__适量
黑色巧克力笔__1支

制作过程

1 在室温软化的无盐黄油中加入细砂糖、全蛋液打匀。
2 筛入低筋面粉和奶粉揉成面团，冷藏20分钟。
3 取出，擀成约4毫米厚的面片，用模具压出圆形，放入烤盘。
4 烤箱预热至170℃，放入烤盘，烤20分钟，取出。
5 在150克翻糖膏中揉入黄色食用色素。
6 擀平黄色翻糖膏，压出圆形的糖皮，用剩余的30克原色翻糖膏搓出小黄人的眼白部分。
7 将黄色翻糖皮贴在烤好的饼干上，再贴上白色部分。
8 用黑色巧克力笔画出小黄人的眼睛、眼镜框、嘴巴，晾干即可食用。

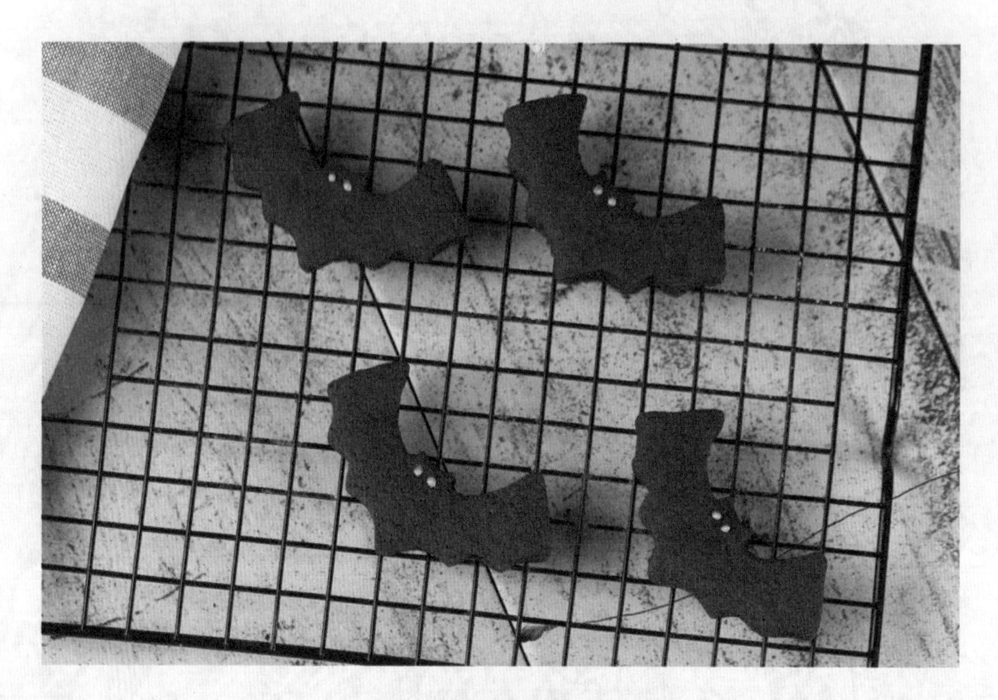

COOKIES

蝙蝠饼干

{ 烤箱温度：上、下火170℃　时间：15分钟 }

材料

低筋面粉__130克
无盐黄油__65克
牛奶__20克
糖粉__50克
香草精__3克
可可粉__10克
粉色巧克力笔__1支

制作过程

1 在室温软化的无盐黄油中加入糖粉，用电动搅拌器搅打蓬松，加入牛奶和香草精，搅打均匀。

2 筛入低筋面粉和可可粉，用长柄刮板翻拌至无干粉状态，揉成面团，放入冰箱冷藏30分钟，擀成3毫米厚的面片，用蝙蝠模具压出蝙蝠的形状。

3 烤箱预热至170℃，把饼干生坯放在烤盘中并置于烤箱中层，烤约15分钟。

4 取出，放凉后，用粉色巧克力笔为蝙蝠点上眼睛，晾干巧克力即可。